剪映

实用教程

（电脑版+手机版）

龙飞◎编著

化学工业出版社

·北京·

内 容 简 介

8 章专题内容，2 个综合案例，随书附赠 56 个教学视频及 PPT 教学课件，帮助读者快速成为视频剪辑高手。

本书从 3 条线全面介绍电脑版和手机版剪映的功能，帮助大家通过一本书精通剪映视频剪辑。

第 1 条线是"功能线"。介绍了剪映的核心功能，包括视频调色技巧、添加字幕和贴纸、添加音乐和制作卡点视频、"智能抠像"和"色度抠图"功能、蒙版合成和关键帧、设置视频转场及制作视频片头片尾等内容，帮助读者从入门到精通剪映剪辑技巧。

第 2 条线是"案例线"。书中以案例介绍理论的方法，列举了 50 多个案例，如相册卡点、Vlog、片头片尾等，并在最后安排了电脑版和手机版两个综合案例《城市呼吸》《七十寿宴》，帮助读者掌握电脑版和手机版剪映的全程剪辑技巧。

第 3 条线是"习题线"。每一章专题后面都附有课后习题和视频答案，帮助读者巩固提升学会的技巧！

本书案例丰富、实战性强，既适合作为高等院校影视、剪辑、摄影、摄像等相关专业的辅导教材使用，也适合视频剪辑师和视频自媒体运营者等人群阅读，还可以满足剪辑爱好者和旅游爱好者等人群学习视频剪辑的需求，帮助大家轻松掌握剪辑技巧！

图书在版编目（CIP）数据

剪映实用教程：电脑版+手机版 / 龙飞编著. —北京：
化学工业出版社，2022.6（2024.2重印）
ISBN 978-7-122-41088-7

Ⅰ．①剪… Ⅱ．①龙… Ⅲ．①视频编辑软件—教材
Ⅳ．①TN94

中国版本图书馆CIP数据核字（2022）第051646号

责任编辑：李 辰 孙 炜　　　　　　　封面设计：王晓宇
责任校对：田睿涵　　　　　　　　　　装帧设计：盟诺文化

出版发行：化学工业出版社（北京市东城区青年湖南街 13 号　邮政编码 100011）
印　　装：涿州市般润文化传播有限公司
710mm×1000mm　1/16　印张10$\frac{1}{2}$　字数260千字　2024年2月北京第1版第3次印刷

购书咨询：010-64518888　　　　　　　售后服务：010-64518899
网　　址：http://www.cip.com.cn
凡购买本书，如有缺损质量问题，本社销售中心负责调换。

定　　价：59.00元

前　言

剪映专业版自2021年2月上线以来，就凭借其更直观的创作面板、更畅爽的剪辑体验、更优秀的智能功能和更丰富的热门素材从众多视频剪辑软件中脱颖而出，受到了广大用户的喜爱。无论是菜鸟还是高手，使用剪映进行剪辑都能享受到视频创作的乐趣；无论是短视频还是长视频，使用剪映进行剪辑都能让视频剪辑变得更加简单、高效。

本书一共10章，包含8章视频剪辑专题内容和两章综合案例的操作讲解。第1章主要介绍剪辑的基础操作；第2章主要介绍视频调色技巧；第3章主要介绍添加字幕和贴纸的方法；第4章主要介绍添加音频和制作卡点视频的技巧；第5章和第6章介绍了剪映的"智能抠像""色度抠图""蒙版""关键帧"功能的使用方法；第7章和第8章介绍了设置视频转场和制作视频片头片尾的操作方法；第9章和第10章介绍了剪映电脑版综合案例《城市呼吸》和剪映手机版综合案例《七十大寿》的制作流程。

本书具有以下3大特色。

（1）内容详细，通俗易懂：从基础功能到核心技巧，再到综合案例，700多张图片全程图解，简单易学，帮助读者从零基础进阶为剪辑高手。

（2）课后习题，巩固加强：8章视频剪辑专题内容后都安排了课后习题，让读者学习完每章专题内容后，可以通过习题对学到的知识进行巩固和拓展，使读者更全面深入地掌握剪映的功能。

（3）视频教学，扫码可看：随书附送的资源中包含130多个素材文件和60个效果文件，以及56个同步教学视频，通过手机扫码即可查看！读者可以跟着教学视频边看边学！

特别提示：在编写本书时，是基于当前剪映版本截取的实际操作图片，但本书从编辑到出版需要一段时间，在这段时间里，软件界面与功能会有调整与变化，比如有些功能被删除了，或者增加了一些新功能等，这些都是软件开发商对软件做的更新。若图书出版后相关软件有更新，请以更新后的实际情况为准，根据书中的提示，举一反三进行操作即可。

本书由龙飞编著，参与编写的人员有李玲，提供视频素材和拍摄帮助的人员有邓陆英、向小红、燕羽、苏苏、巧慧、徐必文、黄建波及谭俊杰等人，在此表示感谢。由于作者知识水平有限，书中难免有错误和疏漏之处，恳请广大读者批评、指正，联系微信：2633228153。

编著者

目 录

【电脑应用篇】

【手机应用篇】

剪映的基础操作 第1章

本章要点

　　本章主要讲解剪映的基础操作，主要涉及导入和导出素材、缩放和变速素材、定格和倒放素材、旋转和裁剪素材、应用"视频防抖"功能、设置视频比例，以及设置磨皮瘦脸效果7个内容。学会这些操作，稳固好基础，可以让用户在之后的视频处理过程中更加得心应手。

1.1 素材的剪辑

用户可以在剪映中对素材进行各种剪辑操作，制作出令人满意的视频效果。本节介绍导入和导出素材、缩放和变速素材、定格和倒放素材，以及旋转和裁剪素材的操作方法。

1.1.1 导入和导出素材

【效果展示】：在电脑版剪映中导入素材后，用户可以对视频进行分割，删除不需要的部分，还可以在导出时设置相关参数，让导出的视频画质更高清，效果如图 1-1 所示。

扫码看案例效果　　扫码看教学视频

图 1-1　导入和导出素材效果展示

下面介绍在电脑版剪映中导入和导出素材的操作方法。

步骤 01 启动剪映专业版，进入其工作界面，单击"开始创作"按钮，如图1-2所示。

步骤 02 进入视频剪辑界面，在"媒体"功能区中单击"导入素材"按钮，如图1-3所示。

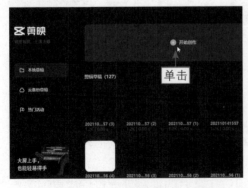 

图 1-2　单击"开始创作"按钮　　　图 1-3　单击"导入素材"按钮

步骤 03 弹出"请选择媒体资源"对话框，❶选择相应的视频素材；❷单击

"打开"按钮,如图1-4所示。

步骤 04 执行操作后,即可将视频素材导入到"本地"选项卡中。单击视频素材右下角的 ➕ 按钮,如图1-5所示,将视频素材导入到视频轨道中。

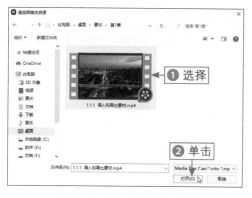

图 1-4 单击"打开"按钮   图 1-5 单击相应的按钮

步骤 05 ❶拖曳时间指示器至00:00:01:03的位置;❷单击"分割"按钮，如图1-6所示。

步骤 06 ❶拖曳时间指示器至00:00:05:00的位置;❷单击"分割"按钮，如图1-7所示。

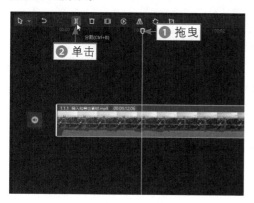

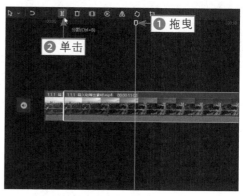

图 1-6 单击"分割"按钮(1)   图 1-7 单击"分割"按钮(2)

步骤 07 ❶选择第1段素材;❷单击"删除"按钮，即可删除不需要的片段,如图1-8所示。

步骤 08 执行操作后,在"播放器"面板下方查看视频素材的总播放时长,可以看出素材的总播放时长变短了,如图1-9所示。

步骤 09 ❶选择第2段素材;❷单击"删除"按钮，如图1-10所示。

步骤 10 视频剪辑完成后,右上角显示了视频的草稿参数,如作品名称、保存位置、导入方式和色彩空间等，单击界面右上角的"导出"按钮，如图1-11所示。

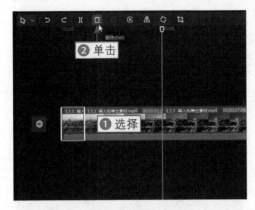

图1-8 单击"删除"按钮（1）

图1-9 查看视频总播放时长

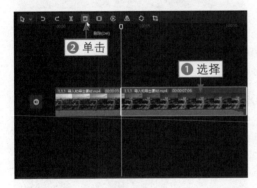

图1-10 单击"删除"按钮（2）

图1-11 单击"导出"按钮

步骤11 在"导出"对话框的"作品名称"文本框中更改名称，如图1-12所示。

步骤12 单击"导出至"右侧的■按钮，弹出"请选择导出路径"对话框，❶选择相应的保存路径；❷单击"选择文件夹"按钮，如图1-13所示。

图1-12 更改名称

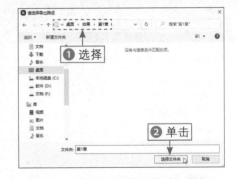

图1-13 单击"选择文件夹"按钮

步骤13 在"分辨率"下拉列表框中选择4K选项，如图1-14所示。

步骤 **14** 在"码率"下拉列表框中选择"更高"选项，如图1-15所示。

图 1-14　选择 4K 选项

图 1-15　选择"更高"选项

步骤 **15** 在"编码"下拉列表框中选择HEVC选项，便于压缩，如图1-16所示。

步骤 **16** 在"格式"下拉列表框中选择mp4选项，便于在手机上观看视频，如图1-17所示。

图 1-16　选择 HEVC 选项

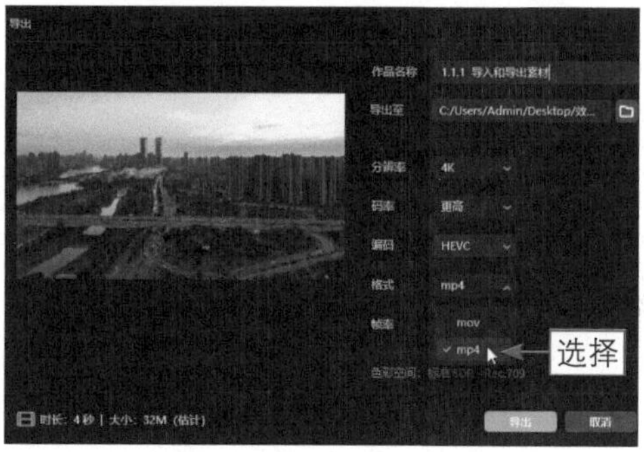

图 1-17　选择 mp4 选项

步骤 **17** ❶在"帧率"下拉列表框中选择60fps选项；❷单击"导出"按钮，如图1-18所示。

步骤 **18** 执行操作后，即可开始导出视频，并显示导出进度，如图1-19所示。

图 1-18　单击"导出"按钮

图 1-19　显示导出进度

步骤 19 导出完成后，用户可以单击"西瓜视频"按钮 ⊙ 或"抖音"按钮 ♪ 快速发布视频。如果不需要发布视频，可以单击"关闭"按钮，完成视频的导出操作，如图1-20所示。

图 1-20　单击"关闭"按钮

1.1.2　缩放和变速素材

【效果展示】：在剪映中，用户可以根据需要缩放视频画面，突出视频的细节；也可以对素材进行变速处理，调整视频的播放速度，如图 1-21 所示。

扫码看案例效果　扫码看教学视频

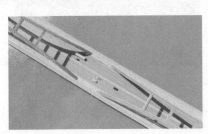 

图 1-21　缩放和变速素材效果展示

下面介绍在剪映中缩放和变速素材的操作方法。

步骤 01 将素材导入视频轨道中，❶拖曳时间指示器至00:00:01:12的位置；❷单击"分割"按钮 Ⅱ，如图1-22所示。

步骤 02 在操作区的"画面"选项卡中拖曳"缩放"滑块至数值为150%，对分割出来的第2段素材进行缩放处理，如图1-23所示。

步骤 03 在"播放器"面板中调整画面的位置，突出细节，如图1-24所示。

步骤 04 ❶切换至"变速"选项卡；❷拖曳"倍数"滑块至数值为3.0x，对分割出来的第2段素材进行变速处理，如图1-25所示。

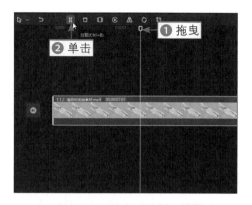

图 1-22 单击"分割"按钮

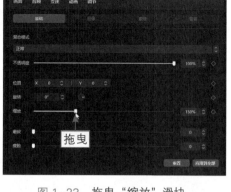

图 1-23 拖曳"缩放"滑块

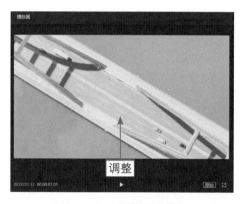

图 1-24 调整画面位置

图 1-25 拖曳"倍数"滑块

步骤 05 执行操作后，在"播放器"面板下方查看素材的总播放时长，可以看出视频素材的总播放时长变短了，如图1-26所示。

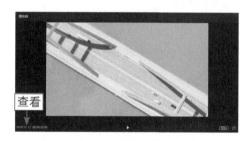

图 1-26 查看视频素材总播放时长

1.1.3 定格和倒放素材

【效果展示】：在剪映中用户可以对视频进行定格处理，留下定格画面，还可以对视频进行倒放处理，让视频画面倒着播放，效果如图1-27所示。

扫码看案例效果　扫码看教学视频

图 1-27　定格和倒放素材效果展示

下面介绍在剪映中定格和倒放素材的操作方法。

步骤 01　在剪映中单击视频素材右下角的 ➕ 按钮，将素材导入视频轨道中，单击"定格"按钮 ⬜，如图1-28所示。

步骤 02　向左拖曳定格素材右侧的白框，将素材时长设置为1s，如图1-29所示。

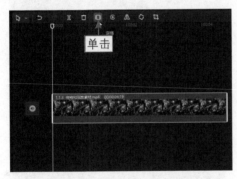
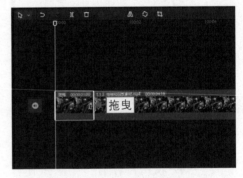

图 1-28　单击"定格"按钮　　　　　　图 1-29　拖曳右侧的白框

步骤 03　❶选择第2段素材；❷单击"倒放"按钮 ⓒ，如图1-30所示。

步骤 04　执行操作后，界面中会弹出片段倒放的进度对话框，如图1-31所示。

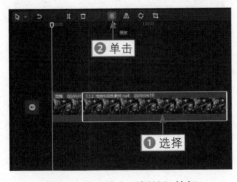
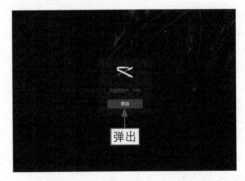

图 1-30　单击"倒放"按钮　　　　　　图 1-31　弹出进度对话框

步骤 05 倒放完成后，在"播放器"面板中预览视频效果，如图1-32所示，可以看到视频中前进的车流在倒退行驶。

图 1-32　预览视频效果

1.1.4　旋转和裁剪素材

【效果展示】：如果拍摄视频所选的角度不够好，可以在剪映中利用旋转功能调整视频角度，还可以裁剪视频，截取想要的视频画面，也可以让竖版视频变成横版视频，效果如图1-33所示。

扫码看案例效果　扫码看教学视频

图 1-33　旋转和裁剪素材效果展示

下面介绍在剪映中旋转和裁剪素材的操作方法。

步骤 01 在剪映中单击视频素材右下角的■按钮，将素材导入视频轨道中，连续两次单击"旋转"按钮◇，将视频画面旋转180°，如图1-34所示。

步骤 02 单击"裁剪"按钮▣，如图1-35所示。

步骤 03 弹出"裁剪"对话框，设置"裁剪比例"为16：9，如图1-36所示。

步骤 04 ❶拖曳比例框至合适的位置；❷单击"确定"按钮，如图1-37所示。

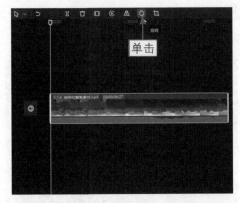

图 1-34　单击"旋转"按钮

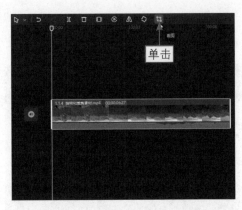

图 1-35　单击"裁剪"按钮

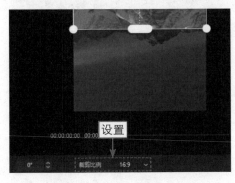

图 1-36　设置"裁剪比例"

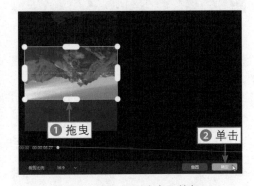

图 1-37　单击"确定"按钮

步骤 05 ❶在"播放器"面板中单击右下角的"原始"按钮；❷选择"16：9（西瓜视频）"选项，如图1-38所示。

步骤 06 执行操作后，在"播放器"面板中预览视频效果，如图1-39所示。

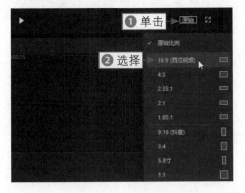

图 1-38　选择"16：9（西瓜视频）"选项

图 1-39　预览视频效果

1.2 素材的设置

如果用户对拍摄的视频效果不满意，可以根据需求对视频进行设置。本节介绍在剪映中设置视频防抖、视频比例和磨皮瘦脸效果的操作方法。

1.2.1 应用"视频防抖"功能

【效果展示】：如果拍视频时设备不稳定，视频画面可能因抖动而变得模糊，此时用户可以使用剪映的"视频防抖"功能，一键稳定视频画面，效果如图1-40所示

扫码看案例效果　扫码看教学视频

图1-40　应用"视频防抖"功能的效果展示

下面介绍在剪映中应用"视频防抖"功能的操作方法。

步骤 01 单击视频素材右下角的➕按钮，将视频素材导入到视频轨道中，如图1-41所示。

步骤 02 在操作区中选中下方的"视频防抖"复选框，如图1-42所示。

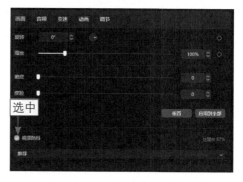

图1-41　单击相应的按钮　　　　图1-42　选中"视频防抖"复选框

步骤 03 在下方展开的面板中选中"最稳定"复选框，如图1-43所示。

步骤 04 处理完成后，在"播放器"面板中预览应用"视频防抖"功能的效果，如图1-44所示。

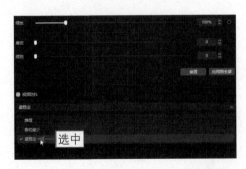

图 1-43　选择"最稳定"复选框　　　图 1-44　预览应用"视频防抖"功能的效果

1.2.2　设置视频比例

扫码看案例效果　扫码看教学视频

【效果展示】：剪映提供了多种画面比例供用户选择，用户可以用设置比例的方式改变视频画面显示比例，把横版视频变成竖版视频，效果如图 1-45 所示。

下面介绍在剪映中设置视频比例的操作方法。

步骤 01　单击视频素材右下角的 ➕ 按钮，如图1-46所示，将视频素材导入到视频轨道中。

步骤 02　在预览窗口中单击"原始"按钮，如图1-47所示。

图 1-45　设置视频比例效果展示

图 1-46　单击相应的按钮　　　　　图 1-47　单击"原始"按钮

步骤 03 执行操作后，在弹出的下拉列表框中选择"9∶16（抖音）"选项，如图1-48所示。

步骤 04 在"播放器"面板中预览视频效果，如图1-49所示，可以看到视频的画面比例改变了，由横版视频变成了竖版视频。

图 1-48　选择"9∶16（抖音）"选项　　　　图 1-49　预览视频效果

1.2.3　设置磨皮瘦脸效果

【效果展示】：在剪映中可以对视频中的人物进行磨皮和瘦脸操作，美化人物的脸部，效果如图 1-50 所示。

扫码看案例效果　扫码看教学视频

图 1-50　设置磨皮瘦脸效果展示

下面介绍在剪映中为人物磨皮瘦脸的操作方法。

步骤 01 单击视频素材右下角的 ⊞ 按钮，将视频素材导入到视频轨道中，如图1-51所示。

步骤 02 在操作区中拖曳"磨皮"滑块至数值为100，如图1-52所示。

步骤 03 拖曳"瘦脸"滑块至数值为100的位置，如图1-53所示。

步骤 04 ❶单击"特效"按钮，进入"特效"功能区；❷切换至"基础"选项卡；❸单击"变清晰"特效右下角的⊞按钮，如图1-54所示。

图 1-51　单击相应的按钮（1）

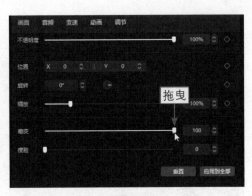

图 1-52　拖曳"磨皮"滑块

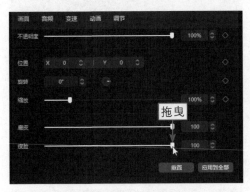

图 1-53　拖曳"瘦脸"滑块

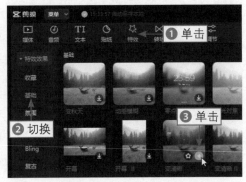

图 1-54　单击相应的按钮（2）

步骤 05　拖曳特效右侧的边框，调整其时长，如图1-55所示。

步骤 06　用与上面相同的方法，再添加一个"氛围"选项卡中的"金粉"特效，并调整其位置和时长，如图1-56所示。

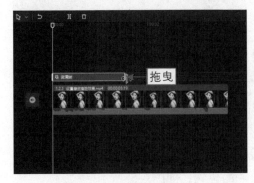

图 1-55　调整特效时长

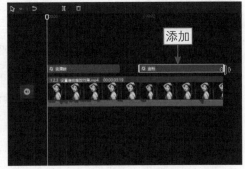

图 1-56　添加相应特效

步骤 07　在"播放器"面板中预览视频效果，如图1-57所示。

图 1-57　预览视频效果

习题　更改视频背景

扫码看案例效果　扫码看教学视频

【效果展示】：当用户将横版视频转换为竖版后，如果对黑色背景不太满意，也可以使用剪映的"背景填充"功能，修改背景的颜色或者更换为其他的背景，效果如图 1-58 所示。

图 1-58　更改视频背景效果展示

视频调色技巧 | 第2章

本章要点　　　调色是视频剪辑中不可或缺的部分，调出精美的色调可以让视频更加出彩。本章主要讲解视频的调色技巧，主要包括添加和删除滤镜、设置基础调节参数、使用滤镜进行调色、使用色卡进行调色，以及使用预设进行调色等内容。学会这些操作，可以帮助用户制作出画面更加精美的视频作品。

2.1 了解滤镜和调节

剪映拥有风格多样、种类丰富的滤镜库，用户可以根据需求任意挑选。不过滤镜并不是万能的，不能适配所有画面，因此用户为视频添加好滤镜后，还需要对视频画面进行色彩调节，来获得最优的效果。本节主要介绍添加和删除滤镜，以及设置基础调节参数的操作方法。

2.1.1 添加和删除滤镜

【效果说明】：用户在剪映中为视频添加滤镜时，可以多尝试几个滤镜，然后挑选最佳的滤镜效果，添加合适的滤镜能让画面焕然一新。原图与效果图对比如图2-1所示。

扫码看案例效果　扫码看教学视频

图 2-1　原图与效果图对比

下面介绍在剪映中添加和删除滤镜的操作方法。

步骤 01 单击视频素材右下角的 ⊞ 按钮，将视频素材添加到视频轨道中，如图2-2所示。

步骤 02 ❶单击"滤镜"按钮；❷切换至"影视级"选项卡；❸单击"敦刻尔克"滤镜右下角的 ↓ 按钮，下载该滤镜，如图2-3所示。

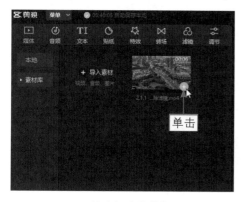 

图 2-2　单击相应的按钮（1）　　　图 2-3　下载"敦刻尔克"滤镜

步骤 **03** 下载成功之后，单击"敦刻尔克"滤镜右下角的■按钮，如图2-4所示。

步骤 **04** 添加滤镜之后，即可在"播放器"面板中预览应用滤镜的画面效果，如图2-5所示。

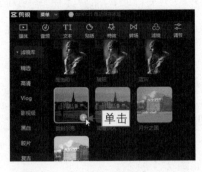 

图2-4　单击相应的按钮（2）　　　　图2-5　预览应用滤镜的画面效果

步骤 **05** 由于添加滤镜之后画面十分暗淡，饱和度也很低，可以单击时间线面板中的"删除"按钮■，删除滤镜，如图2-6所示。

步骤 **06** ❶切换至"胶片"选项卡；❷单击KC2滤镜右下角的■按钮，添加该滤镜，如图2-7所示。

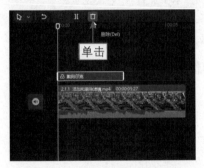 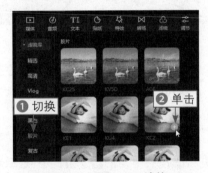

图2-6　单击"删除"按钮　　　　　　图2-7　添加 KC2 滤镜

步骤 **07** 在时间线面板中拖曳KC2滤镜右侧的白框，使滤镜时长与视频素材的时长一样，让滤镜效果覆盖整个视频，如图2-8所示。

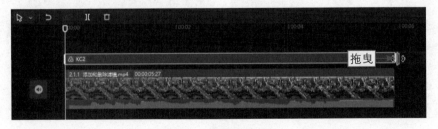

图2-8　调整滤镜时长

步骤 08 执行操作后，即可为视频添加合适的滤镜，在"播放器"面板中预览视频效果，如图2-9所示。

图 2-9　预览视频效果

2.1.2　设置基础调节参数

【效果说明】：为视频添加完合适的滤镜后，用户可以调节视频的效果，通过基础调节参数来获得更好的画面效果。调节完成后，可以使视频画面变得更加明亮，细节也能被处理得很好。原图与效果图对比如图 2-10 所示。

扫码看案例效果　扫码看教学视频

图 2-10　原图与效果图对比

下面介绍在剪映中设置基础调节参数的操作方法。

步骤 01 在剪映中打开上一例的文件，❶单击"调节"按钮，进入"调节"面板，在"调节"面板中有"调节"和LUT两个选项卡；❷单击"自定义调节"右下角的█按钮，如图2-11所示。

步骤 02 执行操作后，即可对视频进行自定义调节，时间线面板中生成了"调节1"轨道，如图2-12所示。

图 2-11　单击相应的按钮

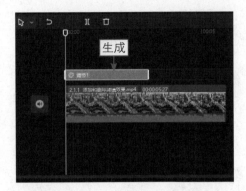

图 2-12　生成"调节 1"轨道

步骤 03 ❶在右上方的"调节"选项区域拖曳"光感"滑块；❷将参数设置为12，如图2-13所示。

步骤 04 ❶拖曳"阴影"滑块；❷将参数设置为6，如图2-14所示。

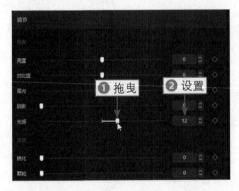

图 2-13　设置"光感"参数

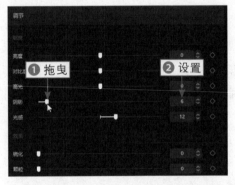

图 2-14　设置"阴影"参数

步骤 05 ❶拖曳"色温"滑块；❷将参数设置为-11，如图2-15所示。

步骤 06 ❶拖曳"色调"滑块；❷将参数设置为10，如图2-16所示。

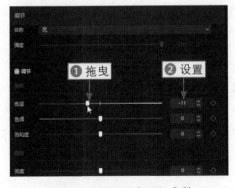

图 2-15　设置"色温"参数

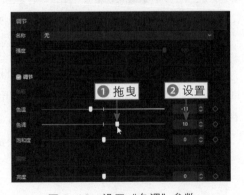

图 2-16　设置"色调"参数

步骤 07 ❶拖曳"饱和度"滑块；❷将参数设置为6，如图2-17所示。

步骤 08 ❶拖曳"锐化"滑块；❷将参数设置为30，如图2-18所示。

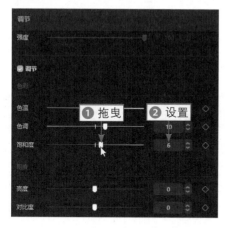

图 2-17　设置"饱和度"参数

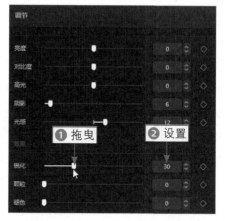

图 2-18　设置"锐化"参数

步骤 09 拖曳"调节1"轨道右侧的白框，使调节的时长与视频素材的时长一样，让调节效果覆盖整个视频，如图2-19所示。

步骤 10 在"播放器"面板中预览视频效果，如图2-20所示。执行所有操作后，即可优化视频画面细节，提升画面质感。

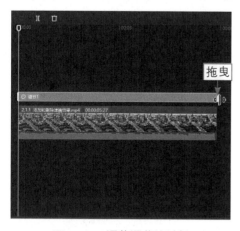

图 2-19　调整调节的时长

图 2-20　预览视频效果

2.2　3种调色方法

调色的方法有很多种，用户可以选取最适合、最方便的一种方法对视频进行调色。本节介绍在剪映中使用滤镜、色卡和预设对视频进行调色的操作方法。

2.2.1 使用滤镜进行调色

【效果展示】：在剪映中最基础的调色方法就是为视频添加合适的滤镜，再根据画面效果设置相应的调节参数。例如，为视频添加绿妍滤镜，并设置调节参数，可以使视频中的植物变得有光泽，细节也更加突出。原图与效果图对比如图2-21所示。

扫码看案例效果　扫码看教学视频

图 2-21　原图与效果图对比

下面介绍在剪映中使用滤镜进行调色的操作方法。

步骤 01　将素材导入剪映中，❶单击"滤镜"按钮；❷切换至"风景"选项卡；❸单击"绿妍"滤镜右下角的┿按钮，如图2-22所示。

步骤 02　❶单击"调节"按钮；❷单击"自定义调节"右下角的┿按钮，如图2-23所示。

 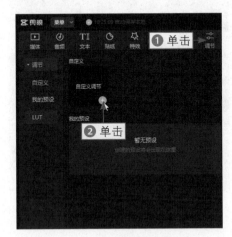

图 2-22　单击相应的按钮（1）　　　图 2-23　单击相应的按钮（2）

步骤 03　❶拖曳"对比度"滑块；❷将参数设置为33，如图2-24示。

步骤 04　❶拖曳"饱和度"滑块；❷将参数设置为21，如图2-25所示。

图 2-24 设置"对比度"参数

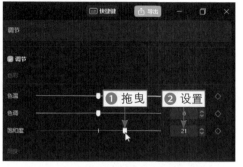

图 2-25 设置"饱和度"参数

步骤 05 ❶拖曳"锐化"滑块；❷将参数设置为21，如图2-26所示。

步骤 06 ❶拖曳"色温"滑块；❷将参数设置为-13，如图2-27所示。

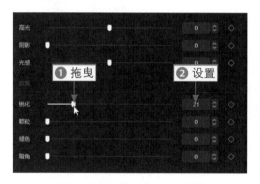

图 2-26 设置"锐化"参数

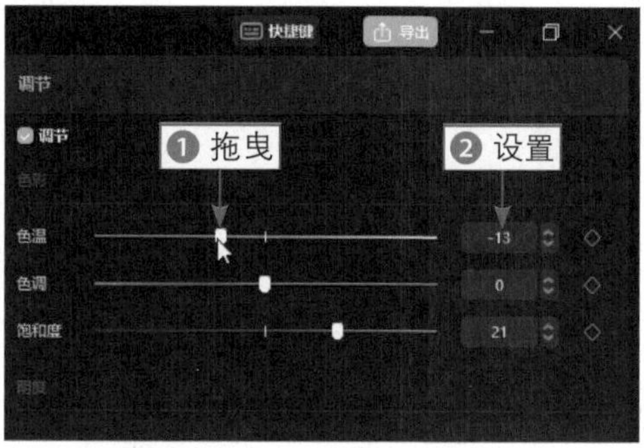

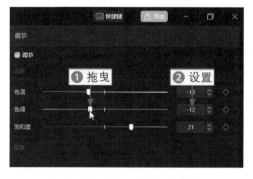

图 2-27 设置"色温"参数

步骤 07 ❶拖曳"色调"滑块；❷将参数设置为-12，如图2-28所示。

步骤 08 调整滤镜和调节的时长，使其对齐视频的时长，如图2-29所示。

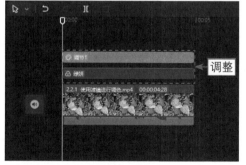

图 2-28 设置"色调"参数

图 2-29 调整滤镜和调节的时长

步骤 09 单击"播放器"面板下方的▶按钮，预览视频效果，如图2-30所示。

图 2-30　预览视频效果

2.2.2　使用色卡进行调色

【效果说明】：使用色卡调色是非常流行的一种调色方法，不需要添加滤镜和设置调节参数，利用各种颜色的色卡就能调出相应的色调。例如，使用白色和蓝色两张色卡

扫码看案例效果　扫码看教学视频

就可以轻松地调出宝丽来色调，这种色调来源于宝丽来胶片相机，非常适合用于人像视频，能让暗黄的皮肤变得通透自然。原图与效果图对比如图 2-31 所示。

图 2-31　原图与效果图对比

下面介绍在剪映中使用色卡进行调色的操作方法。

步骤 01　在剪映中将视频素材和色卡素材导入到"本地"选项卡中，单击视

频素材右下角的 █ 按钮，将视频素材添加到视频轨道中，如图2-32所示。

步骤 02 将色卡素材也添加到视频轨道中，拖曳两段色卡素材至画中画轨道，并调整两段色卡素材的时长，使其与视频素材的时长对齐，如图2-33所示。

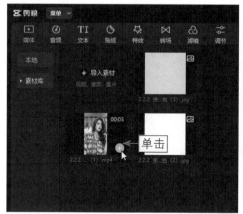 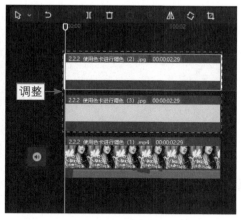

图 2-32　单击相应的按钮（1）　　　图 2-33　调整两段色卡素材的时长

★ 专 家 提 醒 ★

利用色卡调色的优点在于一张色卡就能为画面定调，减少了设置参数的过程，多张色卡还可以叠加使用，非常灵活方便。

步骤 03 调整两段色卡素材的画面大小，使其覆盖视频画面，如图2-34所示。

步骤 04 选择白色色卡素材，❶设置"混合模式"为"柔光"；❷拖曳滑块，设置"不透明度"参数为50%，如图2-35所示。

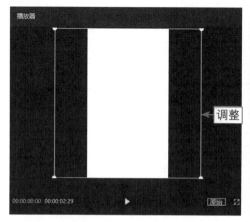 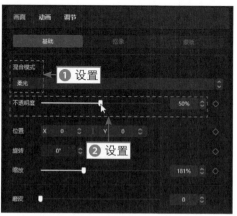

图 2-34　调整两段色卡素材的画面大小　　　图 2-35　设置"不透明度"参数（1）

步骤 **05** 选择蓝色色卡素材，❶设置"混合模式"为"柔光"；❷拖曳滑块，设置"不透明度"参数为31%，如图2-36所示。

步骤 **06** 单击"特效"按钮，即可展开"特效"面板，如图2-37所示。

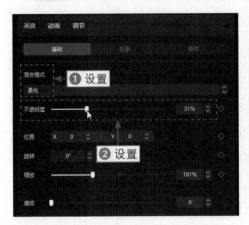

图 2-36　设置"不透明度"参数（2）

图 2-37　单击"特效"按钮

★ 专家提醒 ★

"特效"面板中提供了十几种类型的特效供用户选择，用户可以根据需要对特效进行预览和添加。为了更方便、快速地找到特效，用户可以单击相应特效右下角的❤️按钮收藏特效。收藏完成后，用户就可以在"收藏"选项卡中查看和添加该特效。

步骤 **07** ❶切换至"边框"选项卡；❷单击"原相机"特效右下角的➕按钮，如图2-38所示。

步骤 **08** 调整特效的时长，使其与视频时长一致，如图2-39所示。

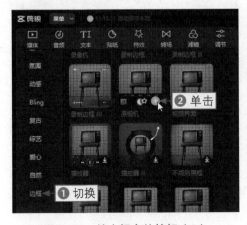

图 2-38　单击相应的按钮（2）

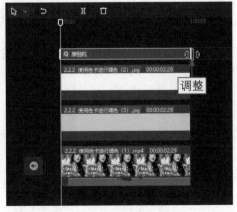

图 2-39　调整特效的时长

步骤 09 单击"播放器"面板下方的▶按钮，预览视频效果，如图2-40所示。

图 2-40　预览视频效果

2.2.3　使用预设进行调色

【效果说明】：在剪映中，用户可以提前设置并保存调节参数，也可以在完成视频调色后保存设置好的参数。这样下次对相应类型的视频进行调色时，即可一键套用预设，

扫码看案例效果　扫码看教学视频

节约调节参数的时间。例如，"粉紫"预设非常适合用在夕阳视频中，调色后的视频画面十分唯美和梦幻，会令人感到平和。原图与效果图对比如图 2-41 所示。

图 2-41　原图与效果图对比

下面介绍在剪映中使用预设进行调色的操作方法。

27

步骤 01 在剪映中单击视频素材右下角的 ➕ 按钮，将素材添加到视频轨道中，如图2-42所示。

步骤 02 ❶单击"滤镜"按钮；❷切换至"风景"选项卡；❸单击"暮色"滤镜右下角的 ➕ 按钮，如图2-43所示，对视频进行初步调色。

图 2-42　单击相应的按钮（1）

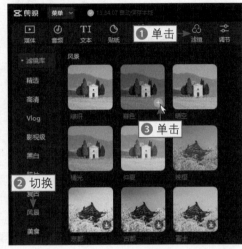

图 2-43　单击相应的按钮（2）

步骤 03 ❶单击"调节"按钮；❷单击"自定义调节"右下角的 ➕ 按钮，如图2-44所示。

步骤 04 在时间线面板中调整"暮色"滤镜和调节的时长，使其对齐视频素材的时长，如图2-45所示。

图 2-44　单击相应的按钮（3）

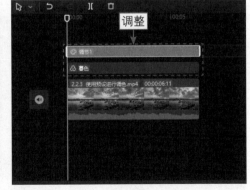

图 2-45　调整滤镜和调节的时长

步骤 05 ❶拖曳"对比度"滑块；❷将参数设置为9，如图2-46所示。

步骤 06 ❶拖曳"高光"滑块；❷将参数设置为8，如图2-47所示。

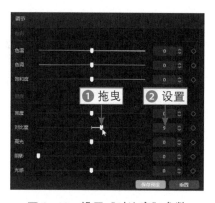

图 2-46 设置"对比度"参数

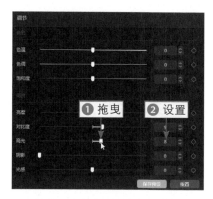

图 2-47 设置"高光"参数

步骤 07 ❶拖曳"阴影"滑块；❷将参数设置为10，如图2-48所示。

步骤 08 ❶拖曳"锐化"滑块；❷将参数设置为19，如图2-49所示。

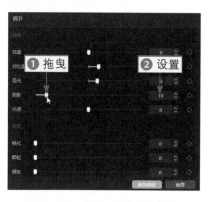

图 2-48 设置"阴影"参数

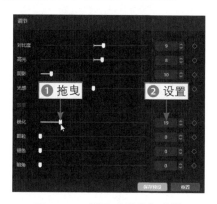

图 2-49 设置"锐化"参数

步骤 09 ❶拖曳"色温"滑块；❷将参数设置为10，如图2-50所示。

步骤 10 ❶拖曳"色调"滑块；❷将参数设置为16，如图2-51所示。

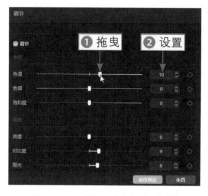

图 2-50 设置"色温"参数

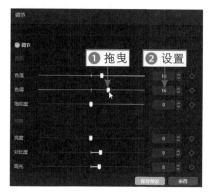

图 2-51 设置"色调"参数

步骤 11 ❶拖曳"饱和度"滑块；❷将参数设置为4，如图2-52所示。

步骤 12 ❶切换至HSL选项卡；❷选择紫色◯，如图2-53所示。

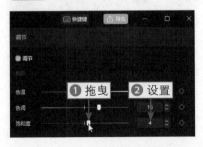

图2-52 设置"饱和度"参数（1）

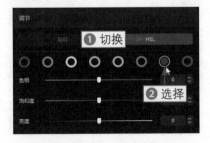

图2-53 选择紫色

步骤 13 拖曳相应的滑块，设置"色相"参数为23、"饱和度"参数为22，如图2-54所示。

步骤 14 ❶选择洋红色◯；❷拖曳滑块，设置"饱和度"参数为23，如图2-55所示。

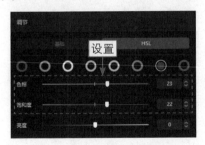

图2-54 设置相应的参数

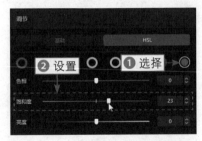

图2-55 设置"饱和度"参数（2）

步骤 15 单击"播放器"面板下方的▶按钮，预览视频效果，如图2-56所示。

图2-56 预览视频效果

步骤 16 预览结束后，为了方便下一次调色，可以保存设置好的预设，单击"保存预设"按钮，如图2-57所示。

步骤 17 执行操作后，弹出"保存调节预设"对话框，在文本框中输入预设名称，如图2-58所示。

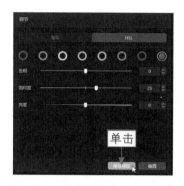

图 2-57 单击"保存预设"按钮

图 2-58 输入预设名称

步骤 18 单击"保存"按钮，即可保存该预设，如图2-59所示。

步骤 19 保存完成后，即可在"我的预设"选项区域查看保存的"粉紫"预设，如图2-60所示。

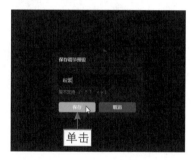

图 2-59 单击"保存"按钮

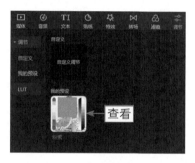

图 2-60 查看保存的预设

习题 天空调色

【效果展示】：在剪映中，用户可以通过给素材添加滤镜进行调色，还可以通过调节相应的参数来调色，也可以结合使用这两种方式，调出自己想要的效果。比如本例的天空视频，可以通过调色使视频画面中的蓝色更加突出，原图与效果图对比如图 2-61 所示。

扫码看案例效果　扫码看教学视频

图 2-61 原图与效果图对比

添加字幕和贴纸 第3章

本章要点

　　我们在刷短视频的时候，常常可以看到很多短视频中都添加了字幕，或者是歌词，或者是语音解说文字，让观众在短短几秒内就能了解更多视频内容。本章主要介绍为视频添加文本和设置样式、添加花字和模板、添加贴纸，以及使用"识别字幕"功能和"识别歌词"功能自动生成字幕的操作方法。

3.1　手动添加字幕和贴纸

剪映提供了种类丰富的字体、文字样式、花字样式、文字模板和贴纸供用户选择，用户可以根据自己的喜好，手动为视频添加字幕和贴纸。

3.1.1　添加文本和设置文本样式

【效果展示】：在电脑版剪映中可以为视频添加文本，添加文本后还可以设置文本样式和添加文字动画，丰富文字形式，让图文更加适配，效果如图3-1所示。

扫码看案例效果　扫码看教学视频

图3-1　添加文本和设置文本样式效果展示

下面介绍在剪映中添加文本和设置文本样式的操作方法。

步骤 01　在剪映中导入视频素材，❶单击"文本"按钮；❷在"新建文本"选项卡中单击"默认文本"选项右下角的❶按钮，如图3-2所示。

步骤 02　删除原有的"默认文本"字样，输入新的文字内容，如图3-3所示。

图3-2　单击相应的按钮

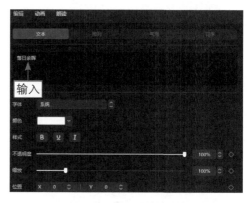

图3-3　输入文字内容

步骤 03　选择合适的字体，如图3-4所示。

步骤 04　选择相应的预设样式，如图3-5所示。

图 3-4　选择字体

图 3-5　选择预设样式

步骤 05 调整文字显示的时长，使其与视频时长一致，如图3-6所示。

步骤 06 ❶切换至"动画"选项卡；❷在"入场"选项卡中选择"轻微放大"动画；❸设置"动画时长"为1.0s，如图3-7所示。

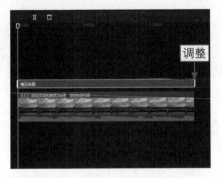

图 3-6　调整文字显示的时长

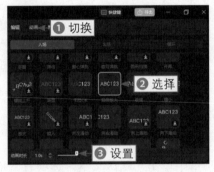

图 3-7　设置"动画时长"（1）

步骤 07 ❶切换至"出场"选项卡；❷选择"闭幕"动画；❸设置"动画时长"为1.0s，如图3-8所示。

步骤 08 调整文字的位置和大小，如图3-9所示。

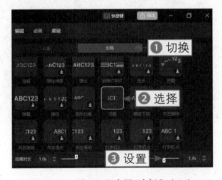

图 3-8　设置"动画时长"（2）

图 3-9　调整文字的位置和大小

步骤 **09** 在"播放器"面板中预览视频效果，如图3-10所示。

图 3-10　预览视频效果

3.1.2　添加花字和应用文字模板

【效果展示】：剪映自带花字样式和文字模板，款式多样，一键即可套用，非常方便，效果如图 3-11 所示。

扫码看案例效果　扫码看教学视频

图 3-11　添加花字和应用文字模板效果展示

下面介绍在剪映中添加花字和应用文字模板的操作方法。

步骤 **01** 在剪映中导入一段视频素材，如图3-12所示。

步骤 **02** ❶单击"文本"按钮；❷在"新建文本"选项卡中单击"花字"按钮；❸单击所选花字右下角的 ⊕ 按钮，如图3-13所示。

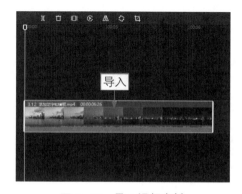 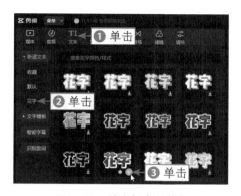

图 3-12　导入视频素材　　　　图 3-13　单击相应的按钮

步骤 **03** 删除原有的"默认文本"字样，输入新的文字内容，如图3-14所示。

步骤 **04** 调整文字的大小和位置，如图3-15所示。

图 3-14　输入文字内容

图 3-15　调整文字的大小和位置

步骤 **05** ❶切换至"动画"选项卡；❷在"入场"选项卡中选择"开幕"动画；❸设置"动画时长"为1.0s，如图3-16所示。

步骤 **06** ❶切换至"文字模板"选项卡；❷切换至"标记"选项卡；❸单击相应文字模板右下角的 ➕按钮，如图3-17所示。

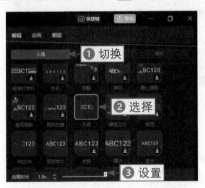

图 3-16　设置"动画时长"

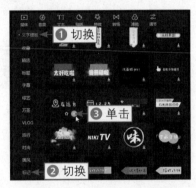

图 3-17　选择文字模板

步骤 **07** ❶修改文字模板的内容；❷调整应用文字模板的文字的大小和位置，如图3-18所示。

图 3-18　调整文字的大小和位置

步骤 08 调整两段文本显示的时长，使其与视频素材的时长对齐，如图3-19所示。

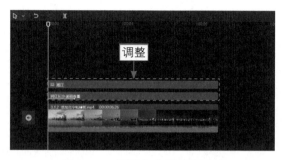

图 3-19　调整文字显示的时长

步骤 09 在"播放器"面板中预览视频效果，如图3-20所示。

图 3-20　预览视频效果

3.1.3　添加贴纸

【效果展示】：在剪映中有非常多的贴纸，风格种类多样，用户可以根据视频的内容，添加相应的贴纸。比如，风景类的视频就可以添加一些文字类的贴纸，以丰富视频画面，效果如图 3-21 所示。

扫码看案例效果　扫码看教学视频

图 3-21　添加贴纸效果展示

下面介绍在剪映中添加贴纸的操作方法。

步骤 **01** 在剪映中导入一段视频素材，如图3-22所示。

步骤 **02** ❶单击"贴纸"按钮；❷切换至"手写字"选项卡，如图3-23所示。

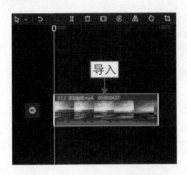

图 3-22　导入视频素材

图 3-23　切换至"手写字"选项卡

步骤 **03** 单击选择的文字贴纸右下角的⊕按钮，如图3-24所示。

步骤 **04** ❶切换至"玩法"选项卡；❷单击选择的贴纸右下角的⊕按钮，如图3-25所示。

图 3-24　单击相应的按钮（1）

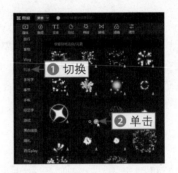

图 3-25　单击相应的按钮（2）

步骤 **05** 调整两张贴纸显示的时长，如图3-26所示。

步骤 **06** 在预览窗口中调整两张贴纸的大小和位置，如图3-27所示。

图 3-26　调整贴纸显示的时长

图 3-27　调整贴纸的大小和位置

步骤 **07** 在"播放器"面板中预览视频效果，如图3-28所示。

图 3-28 预览视频效果

3.2 自动生成字幕

当视频中有人声或背景音乐时，用户可以使用剪映中的"识别字幕"功能或"识别歌词"功能自动生成字幕，节省了手动添加字幕的时间。本节介绍使用"识别字幕"功能和"识别歌词"功能添加字幕的操作方法。

3.2.1 使用"识别字幕"功能

【效果展示】：在剪映中运用"识别字幕"功能就能识别视频中的人声来自动生成字幕，后期还可以设置字幕的样式，非常方便，效果如图 3-29 所示。

扫码看案例效果 扫码看教学视频

图 3-29 识别字幕效果展示

下面介绍在剪映中识别字幕的操作方法。

步骤 **01** 在剪映中导入一段视频素材，如图3-30所示。

步骤 **02** ❶单击"文本"按钮；❷切换至"智能字幕"选项卡；❸单击"识别字幕"选项区域的"开始识别"按钮，如图3-31所示。

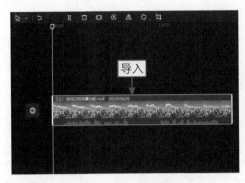

图 3-30　导入视频素材

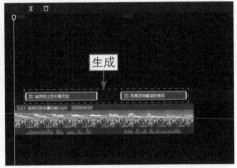

图 3-31　单击"开始识别"按钮

步骤 03　弹出"字幕识别中"进度框，如图3-32所示。

步骤 04　识别完成后生成相应的字幕，如图3-33所示。

图 3-32　弹出进度框

图 3-33　生成字幕

步骤 05　❶为字幕文字选择合适的字体；❷选择合适的预设样式，如图3-34所示。

步骤 06　调整文字的大小和位置，如图3-35所示。

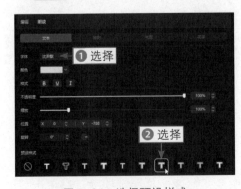

图 3-34　选择预设样式

图 3-35　调整字幕文字的大小和位置

步骤 07　在"播放器"面板中预览视频效果，如图3-36所示。

图 3-36　预览视频效果

3.2.2　使用"识别歌词"功能

【效果展示】：在剪映中运用"识别歌词"功能可以自
动生成歌词字幕，为歌词字幕设置相应的动画效果后，就
可以制作出 KTV 歌词字幕效果，如图 3-37 所示。

扫码看案例效果　扫码看教学视频

图 3-37　识别歌词效果展示

下面介绍在剪映中识别歌词的操作方法。

步骤 01　在剪映中导入一段视频素材，如图 3-38 所示。

步骤 02　❶单击"文本"按钮；❷切换至"识别歌词"选项卡；❸单击"开
始识别"按钮，如图 3-39 所示。

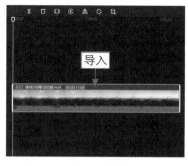

图 3-38　导入视频素材　　　图 3-39　单击"开始识别"按钮

步骤 03　弹出"歌词识别中"进度框，如图 3-40 所示。

步骤 **04** 识别完成后生成文字，调整文字显示的时长，如图3-41所示。

图 3-40　弹出进度框

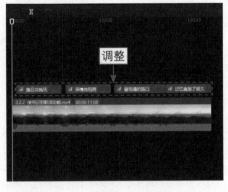

图 3-41　调整文字显示的时长

步骤 **05** 选择第1段文字，❶选择合适的字体；❷单击粗体按钮**B**，如图3-42所示。

步骤 **06** ❶切换至"动画"选项卡；❷选择"入场"选项卡中的"卡拉OK"动画；❸设置"动画时长"为2～6s（最长），如图3-43所示。

图 3-42　单击粗体按钮

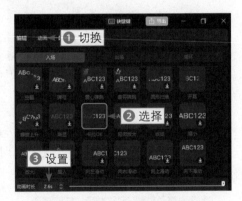

图 3-43　设置"动画时长"

★ 专家提醒 ★

使用"识别歌词"功能生成字幕后，会默认选中"文本、排列、气泡、花字应用到全部歌词"复选框，便于用户对字幕进行统一设置，节约用户的时间。如果用户想为不同的字幕文字设置不同的样式，可以先取消选中"文本、排列、气泡、花字应用到全部歌词"复选框，再进行设置。

步骤 **07** 用与上面相同的方法，为其他字幕文字添加"卡拉OK"动画，并设置"动画时长"为最长，如图3-44所示。

步骤 08 调整文字的大小和位置，如图3-45所示。

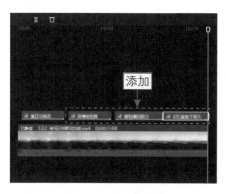

图 3-44　添加动画

图 3-45　调整文字的大小和位置

步骤 09 在"播放器"面板中预览视频效果，如图3-46所示。

图 3-46　预览视频效果

习题 使用"文本朗读"功能

【效果展示】：应用剪映的"文本朗读"功能能够自动将视频中的文字内容转化为语音，提升观众的观看体验，效果如图 3-47 所示。

扫码看案例效果　扫码看教学视频

图 3-47　文本朗读效果展示

添加音频和制作卡点视频 | 第4章

本章要点

　　背景音乐是视频中不可或缺的元素，贴合视频的音乐能为视频增加记忆点和亮点。本章主要介绍如何添加音频和裁剪时长、添加音效和设置音量、提取音频和设置淡化、运用"自动踩点"功能制作花朵卡点视频、运用"手动踩点"功能制作滤镜卡点视频和边框卡点视频，帮助大家利用音乐为视频增光添彩。

4.1 添加音频和音效

剪映自带种类丰富的音乐库和音效库，用户还可以提取并添加其他视频中的音乐。用户为视频添加好音乐或音效后，还可以进行相应的编辑，如剪辑时长、设置音量，以及设置淡入淡出效果等。

4.1.1 添加音频和裁剪时长

【效果展示】：在剪映中添加音频之后，还需要对音频进行剪辑，从而使音乐更适配视频，如图4-1所示。

扫码看案例效果　扫码看教学视频

图 4-1　添加音频和裁剪时长

下面介绍在剪映中添加音频和裁剪时长的操作方法。

步骤 01 在剪映中导入一段视频素材，如图4-2所示。

步骤 02 ❶单击"音频"按钮；❷切换至"抖音收藏"选项卡；❸单击所选音频右下角的 ➕ 按钮，如图4-3所示。

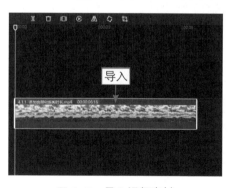

图 4-2　导入视频素材

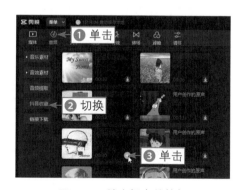

图 4-3　单击相应的按钮

步骤 03 ❶拖曳时间指示器至视频素材的结束位置；❷单击"分割"按钮 ⫴ ，如图4-4所示。

步骤 04 单击"删除"按钮 🗑 ，删除后半段多余的音频，如图4-5所示。

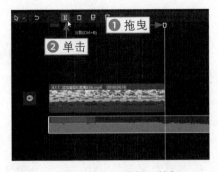

图 4-4 单击"分割"按钮

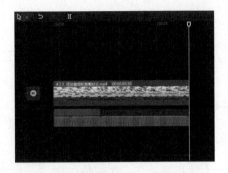

图 4-5 删除后半段多余的音频

步骤 05 在"播放器"面板中预览视频，如图4-6所示。

图 4-6 预览视频

4.1.2 添加音效和设置音量

【效果展示】：剪映中的音效类别非常多，用户可以根据视频场景添加相应的音效，这样能让视频内容更加丰富，让观者产生身临其境的感觉，还可以调整音量大小，如图 4-7 所示。

扫码看案例效果 扫码看教学视频

图 4-7 添加音效和设置音量

下面介绍在剪映中添加音效和设置音量的操作方法。

步骤 01 在剪映中导入一段视频素材，❶单击"音频"按钮；❷切换至"音效素材"选项卡，如图4-8所示。

步骤 02 ❶在搜索框中输入"瀑布"搜索此类音效；❷下载并添加相应的音效，如图4-9所示。

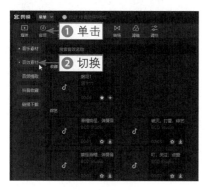

图 4-8 切换至"音效素材"选项卡

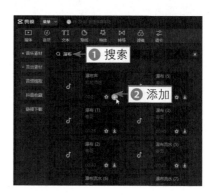

图 4-9 添加音效

★ 专家提醒 ★

剪映中的音效类别十分丰富，有十几种之多，选择与视频场景最搭配的音效非常重要，而且这些音效可以叠加使用。除此之外，还能叠加背景音乐，能使场景中的声音更加丰富。

怎么选择最合适的音效呢？这就需要用户挨个音效去试听和选择了。

步骤 03 ❶切换至"动物"选项卡；❷单击所选音效右下角的 ⊕ 按钮，如图4-10所示。

步骤 04 调整两段音效的时长，使其与视频素材的时长一致，如图4-11所示。

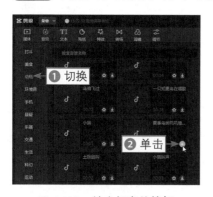

图 4-10 单击相应的按钮

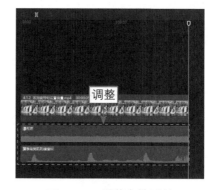

图 4-11 调整音效时长

步骤 05 选择"夏季鸟类叽叽喳喳叫"音效，如图4-12所示。

步骤 06 拖曳"音量"滑块，将其参数设置为-12.3dB，如图4-13所示。

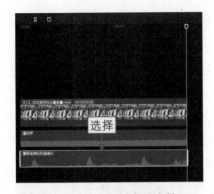

图 4-12　选择相应的音效　　　　图 4-13　设置"音量"参数

步骤 07 在"播放器"面板中预览视频，如图4-14所示。

图 4-14　预览视频效果

4.1.3　提取音频和设置淡化

【效果展示】：用户可以利用剪映中的"提取音频"功能提取其他视频中的背景音乐添加到自己的视频中，再对音频设置淡入淡出效果，让音频的进场和出场变得更加自然，如图 4-15 所示。

扫码看案例效果　扫码看教学视频

图 4-15　提取音频和设置淡化

下面介绍在剪映中提取音频和设置淡化的操作方法。

步骤 01 在剪映中导入一段视频素材，如图4-16所示。

步骤 02 ❶单击"音频"按钮；❷切换至"音频提取"选项卡；❸单击"导入素材"按钮 ➕，如图4-17所示。

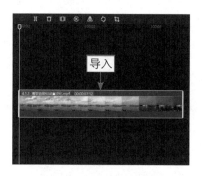

图 4-16　导入视频素材

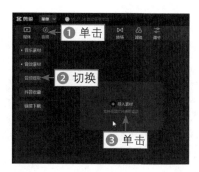

图 4-17　单击"导入素材"按钮

步骤 03 弹出"请选择媒体资源"对话框，❶选择要提取音频的视频素材；❷单击"打开"按钮，如图4-18所示。

步骤 04 单击要提取音频的文件右下角的 ➕ 按钮，如图4-19所示。

图 4-18　单击"打开"按钮

图 4-19　单击相应的按钮

步骤 05 调整提取的音频时长，使其与视频时长一致，如图4-20所示。

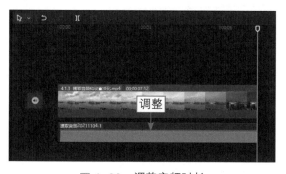

图 4-20　调整音频时长

步骤 06 选择添加的音频，拖曳"淡入时长"滑块，设置"淡入时长"为1.0s，如图4-21所示。

步骤 07 拖曳"淡出时长"滑块，设置"淡出时长"为1.0s，如图4-22所示。

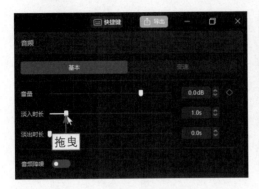 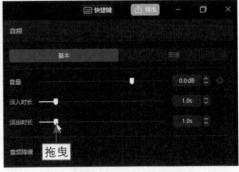

图 4-21　设置"淡入时长"　　　　图 4-22　设置"淡出时长"

步骤 08 单击"导出"按钮，然后预览视频，如图4-23所示。

图 4-23　预览视频

4.2　制作卡点视频

在各大短视频平台中，卡点视频是一种非常热门的视频类型。要想制作出好看的卡点视频，就需要确定到音乐的节奏，再根据节奏调整素材时长和添加其他效果。

4.2.1　制作花朵卡点视频

【效果展示】：剪映的"自动踩点"功能可以帮助用户快速找到音乐的节奏，这样就可以轻松地根据节奏制作出花朵卡点视频，非常方便，如图4-24所示。

扫码看案例效果　扫码看教学视频

图 4-24　花朵卡点视频

下面介绍在剪映中运用"自动踩点"功能制作花朵卡点视频的操作方法。

步骤 01 在剪映中导入5张花朵照片素材，如图4-25所示。

步骤 02 ❶单击"音频"按钮；❷切换至"抖音收藏"选项卡；❸单击所选音乐右下角的➕按钮，如图4-26所示。

图 4-25　导入照片素材　　　　　　图 4-26　单击相应的按钮

步骤 03 选取想要使用的音频片段，如图4-27所示。

步骤 04 ❶单击"自动踩点"按钮🏠；❷在弹出的下拉列表中选择"踩节拍Ⅱ"选项，如图4-28所示。

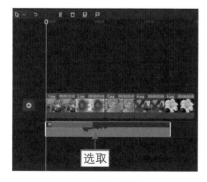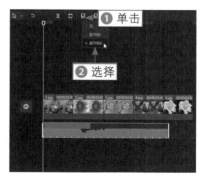

图 4-27　选取音频片段　　　　　　图 4-28　选择"踩节拍Ⅱ"选项

51

步骤 05 根据音乐节奏和小黄点的位置，调整每段素材的时长，并删除多余的音频，如图4-29所示。

步骤 06 在"播放器"面板中设置视频比例为16∶9，如图4-30所示。

图 4-29 调整素材时长

图 4-30 设置视频比例

步骤 07 选择第1段素材，❶切换至"背景"选项卡；❷设置"背景填充"为"模糊"；❸选择第2个模糊样式；❹单击"应用到全部"按钮，如图4-31所示。

步骤 08 ❶切换至"动画"选项卡；❷再在下方切换至"出场"选项卡；❸选择"旋转"动画；❹设置"动画时长"为1.0s，如图4-32所示。

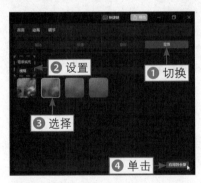

图 4-31 单击"应用到全部"按钮

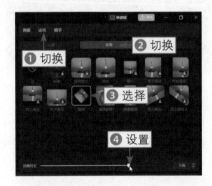

图 4-32 设置"动画时长"

步骤 09 用相同的方法，为剩下的素材添加不同的动画，使素材之间的切换更加动感十足，如图4-33所示。

步骤 10 在"播放器"面板中预览视频效果，如图4-34所示。

图 4-33 添加动画

图 4-34 预览视频效果

4.2.2 制作滤镜卡点视频

扫码看案例效果 扫码看教学视频

【效果展示】：在剪映中用户可以根据音乐节奏单击"手动踩点"按钮，为音频添加节奏鼓点，再根据节奏鼓点制作卡点视频。例如，滤镜卡点视频就是根据节奏鼓点为视频添加不同的滤镜，让单调的视频画面变得更好看的，如图 4-35 所示。

图 4-35 滤镜卡点效果展示

下面介绍在剪映中运用"手动踩点"功能制作滤镜卡点视频的操作方法。

步骤 01 在剪映中导入一段视频素材，如图4-36所示。

步骤 02 ❶单击"音频"按钮；❷切换至"抖音收藏"选项卡；❸单击所选音乐右下角的 ⊕ 按钮，如图4-37所示。

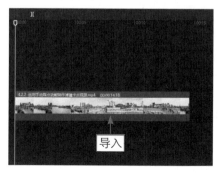

图 4-36 导入视频素材

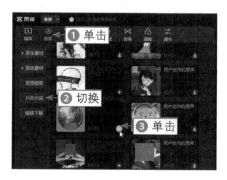

图 4-37 单击相应的按钮（1）

步骤 03 单击"手动踩点"按钮，即可在音频素材上添加黄色的小圆点，如图4-38所示。

步骤 04 单击"删除踩点"按钮或者"清空踩点"按钮，即可删除代表节奏的小黄点，如图4-39所示。

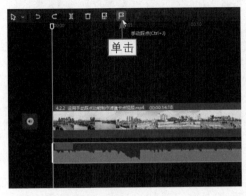

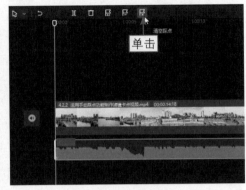

图 4-38　单击"手动踩点"按钮　　　　图 4-39　单击"清空踩点"按钮

步骤 05 根据音乐节奏的起伏，单击"手动踩点"按钮，为音频添加小黄点，并删除多余的音频，如图4-40所示。

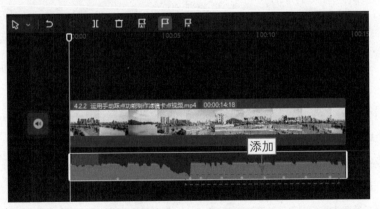

图 4-40　添加小黄点

步骤 06 ❶单击"滤镜"按钮；❷切换至"黑白"选项卡；❸单击"蓝调"滤镜右下角的按钮，如图4-41所示。

步骤 07 调整滤镜的时长，使其对齐第一个小黄点，如图4-42所示。

步骤 08 用相同的方法，根据小黄点的位置，为剩下的视频添加不同的滤镜，如图4-43所示。

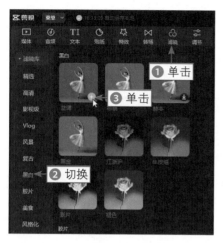

图 4-41　单击相应的按钮（2）

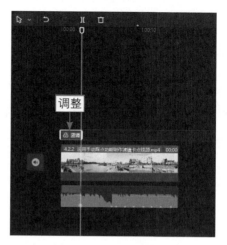

图 4-42　调整滤镜的时长

图 4-43　添加滤镜

步骤 09 ❶单击"特效"按钮；❷切换至"边框"选项卡；❸选择"录制边框"特效，如图4-44所示。

步骤 10 调整特效的持续时长，使其与视频时长保持一致，如图4-45所示。

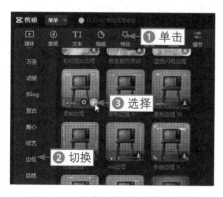

图 4-44　选择"录制边框"滤镜

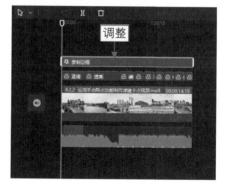

图 4-45　调整特效的时长

步骤 11 在"播放器"面板中预览视频效果，如图4-46所示。

图 4-46　预览视频效果

4.2.3　制作边框卡点视频

【效果展示】：在剪映中，可以根据音乐的节奏，为生成视频的每张照片添加边框特效制作出照片相框效果，从而制作出边框卡点视频，让照片跟着音乐节奏一张张定格出来，提升视频的纪念价值，如图 4-47 所示。

扫码看案例效果　扫码看教学视频

图 4-47　边框卡点效果展示

下面介绍在剪映中制作边框卡点视频的操作方法。

步骤 01 在剪映中导入3张人像照片素材，如图4-48所示。

步骤 02 ❶单击"音频"按钮；❷切换至"抖音收藏"选项卡；❸单击所选音乐右下角的 按钮，如图4-49所示。

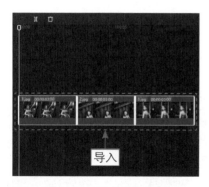

图 4-48　导入照片素材

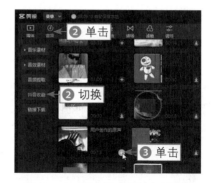

图 4-49　单击相应的按钮（1）

步骤 03　选取相应的音频片段，如图4-50所示。

步骤 04　单击"手动踩点"按钮，在音频上添加两个小黄点，如图4-51所示。

图 4-50　选取音频片段

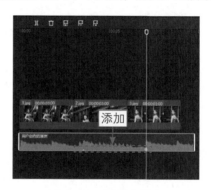

图 4-51　添加小黄点

步骤 05　根据小黄点的位置，调整每段素材的时长，使第1段和第2段素材分别对齐第1个和第2个小黄点，第3段素材对齐音频的结束位置，如图4-52所示。

步骤 06　❶拖曳时间指示器至00:00:01:17的位置；❷单击"分割"按钮，如图4-53所示。

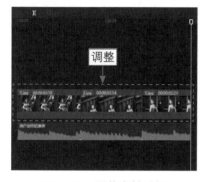

图 4-52　调整素材时长

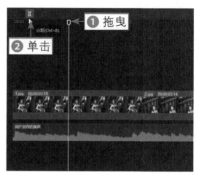

图 4-53　单击"分割"按钮

步骤 **07** 用相同的方法分别在00:00:05:12和00:00:08:09的位置再对素材进行分割，如图4-54所示。

步骤 **08** 拖曳时间指示器至00:00:01:17的位置，如图4-55所示。

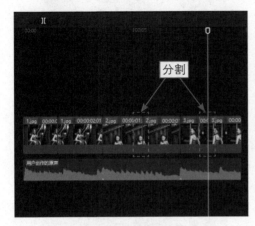

图 4-54　分割素材　　　　　　　　图 4-55　拖曳时间指示器至相应位置

步骤 **09** ❶单击"转场"按钮；❷在"基础转场"选项卡中单击"闪黑"转场右下角的 按钮，如图4-56所示。

步骤 **10** 拖曳"转场时长"滑块，设置"转场时长"为0.1s，如图4-57所示。

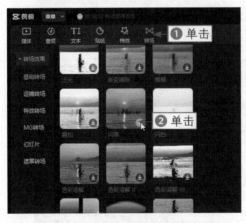

图 4-56　单击相应的按钮（2）　　　　　图 4-57　设置"转场时长"

步骤 **11** 用相同的方法在第3段和第4段、第5段和第6段素材之间添加"闪黑"转场，并设置"转场时长"为0.1s，如图4-58所示。

步骤 **12** 拖曳时间指示器至视频的起始位置，❶单击"特效"按钮；❷切换至"边框"选项卡；❸单击"录制边框II"特效右下角的 按钮，如图4-59所示。

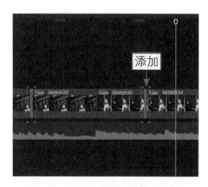

图 4-58　添加转场

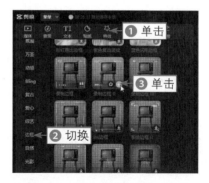

图 4-59　单击相应的按钮（3）

步骤 13 单击"牛皮纸边框Ⅱ"特效右下角的 ⊞ 按钮，如图4-60所示。

步骤 14 调整两段特效的位置和时长，使"录制边框Ⅱ"特效对齐第1段素材的时长一致，使"牛皮纸边框Ⅱ"特效的时长与第2段素材的时长一致，如图4-61所示。

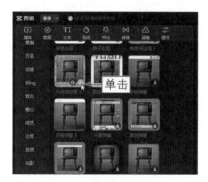

图 4-60　单击相应的按钮（4）

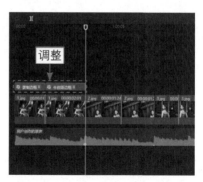

图 4-61　调整特效的位置和时长

步骤 15 用相同的方法为剩下的素材添加相应的特效，如图4-62所示。

步骤 16 选择第2段素材，向左拖曳"缩放"滑块，设置"缩放"参数为90%，如图4-63所示。

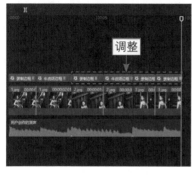

图 4-62　添加特效

图 4-63　设置"缩放"参数（1）

步骤 **17** 用相同的方法设置第4段和第6段素材的"缩放"参数为90%，如图4-64所示。

步骤 **18** 拖曳时间指示器至00:00:01:17的位置，❶单击"音频"按钮；❷切换至"音效素材"选项卡；❸切换至"机械"选项卡；❹单击"拍照声1"音效右下角的 ⊕ 按钮，如图4-65所示。

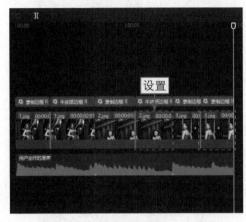

图4-64 设置"缩放"参数（1）　　　　图4-65 单击相应的按钮（5）

步骤 **19** 调整"拍照声1"音效的位置，如图4-66所示。

步骤 **20** 用相同的方法再添加两段"拍照声1"音效，如图4-67所示。

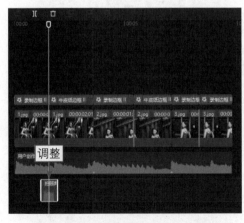
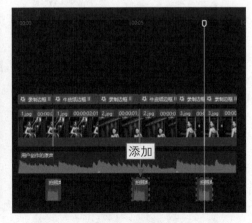

图4-66 调整音效的位置　　　　　　图4-67 添加音效

步骤 **21** 在"播放器"面板中预览视频效果，如图4-68所示。

60

图 4-68　预览视频效果

习题　对音频进行变速处理

扫码看案例效果　扫码看教学视频

【效果展示】：使用剪映可以对音频播放速度进行放慢或加快等变速处理，从而制作出一些特殊的背景音乐效果，如图 4-69 所示。

图 4-69　制作音频变速效果

"智能抠像"和"色度抠图"功能 | 第5章

本章要点　　"智能抠像"和"色度抠图"功能是剪映的亮点功能。本章主要介绍运用"智能抠像"功能更换视频背景、保留人物色彩、制作人物出框视频，以及运用"色度抠图"功能制作穿越手机视频、开门穿越视频、飞机飞过视频的操作方法，让用户在实战中了解和掌握抠图功能，提升抠图技巧，从而举一反三。

5.1 "智能抠像"功能

剪映中的"智能抠像"功能可以帮助用户轻松地抠出视频中的人像，并利用抠出来的人像制作出不同的视频效果。本节介绍利用"智能抠像"功能更换视频背景、保留人物色彩和制作人物出框视频的操作方法。

5.1.1 更换视频背景

【效果展示】：在剪映中运用"智能抠像"功能可以抠出人像，再搭配相应的背景素材，即可制作出人物不变但背景不同的旅游观光效果，如图 5-1 所示。

扫码看案例效果　扫码看教学视频

图 5-1　更换背景效果展示

下面介绍在剪映中运用"智能抠像"功能更换视频背景的操作方法。

步骤 01　在剪映中导入相应的视频素材，如图5-2所示。

步骤 02　拖曳人像视频至画中画轨道，如图5-3所示。

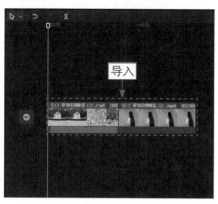

图 5-2　导入视频素材　　　图 5-3　拖曳人像视频至画中画轨道

步骤 03　调整画中画轨道的时长，使其与视频时长保持一致，如图5-4所示。

步骤 04　切换至"抠像"选项卡，如图5-5所示。

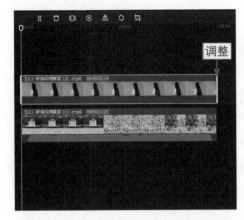

图 5-4　调整画中画轨道的时长

图 5-5　切换至"抠像"选项区

步骤 05　单击"智能抠像"按钮，如图5-6所示。

步骤 06　抠像完成后，调整人像的大小和位置，如图5-7所示。

图 5-6　单击"智能抠像"按钮

图 5-7　调整人像的大小和位置

步骤 07　在"播放器"面板中预览视频效果，如图5-8所示。

图 5-8　预览视频效果

5.1.2 保留人物色彩

扫码看案例效果　扫码看教学视频

【效果展示】：在剪映中运用"智能抠像"功能可以把人像抠出来，再对视频进行调色，这样可以在保留人物色彩的同时改变视频背景的颜色。本节将视频的背景从绿意盎然的夏天渐渐变成萧瑟的秋天，但是人物的色彩没有跟着变化，如图 5-9 所示。

图 5-9　保留人物色彩效果展示

下面介绍在剪映中运用"智能抠像"功能保留人物色彩的操作方法。

步骤 01 在剪映中导入视频素材，❶单击"滤镜"按钮；❷切换至"风景"选项卡；❸单击"远途"滤镜右下角的▣按钮，如图5-10所示。

步骤 02 调整滤镜的持续时长，使其与视频时长保持一致，如图5-11所示。

图 5-10　单击相应的按钮（1）

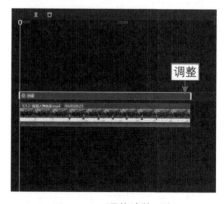

图 5-11　调整滤镜时长

步骤 03 ❶单击"调节"按钮；❷单击"自定义调节"右下角的▣按钮，如图5-12所示。

步骤 04 在"调节"面板中设置"色温"参数为37、"色调"参数为-25、"饱和度"参数为37、"高光"参数为-50、"阴影"参数为7、"光感"参数为-10、"锐化"参数为58，如图5-13所示。

图 5-12　单击相应的按钮（2）

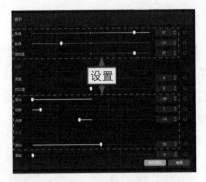

图 5-13　设置相应的参数

步骤 05　调整调节的时长，使其与视频时长保持一致，如图5-14所示。

步骤 06　选择滤镜轨道，❶拖曳"滤镜强度"滑块，设置"滤镜强度"参数为0；❷单击"添加关键帧"按钮█，如图5-15所示。

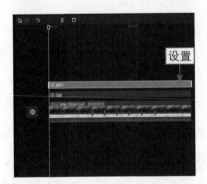

图 5-14　调整调节的时长

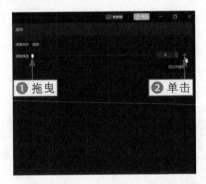

图 5-15　单击"添加关键帧"按钮

步骤 07　拖曳时间指示器至滤镜结束的位置，拖曳"滤镜强度"滑块，设置"滤镜强度"参数为100，如图5-16所示。

步骤 08　单击"导出"按钮，导出视频，如图5-17所示。

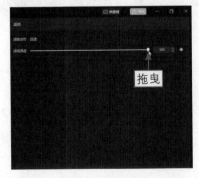

图 5-16　设置"滤镜强度"参数

图 5-17　单击"导出"按钮

步骤 09 导入上一步导出的视频素材和最原始的视频素材，将上一步导出的视频素材导入视频轨道，将原始视频素材导入画中画轨道，如图5-18所示。

步骤 10 ❶切换至"抠像"选项卡；❷单击"智能抠像"按钮，如图5-19所示。

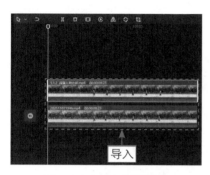

图 5-18 导入视频素材

图 5-19 单击"智能抠像"按钮

步骤 11 拖曳时间指示器至4s的位置，❶单击"特效"按钮；❷切换至"自然"选项卡；❸单击"落叶"特效右下角的⊞按钮，如图5-20所示。

步骤 12 调整特效的持续时长，使其与视频的结束位置对齐，如图5-21所示。

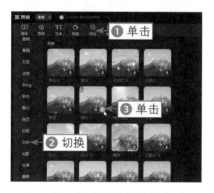

图 5-20 单击相应的按钮（3）

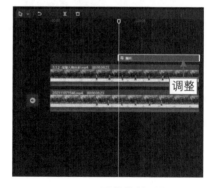

图 5-21 调整特效时长

步骤 13 在"播放器"面板中预览视频效果，如图5-22所示。

图 5-22 预览视频效果

5.1.3 制作人物出框视频

扫码看案例效果　扫码看教学视频

【效果展示】：在剪映中运用"智能抠像"功能可以把人像抠出来，这样就能制作出新颖酷炫的人物出框效果。本节中的案例视频经过调整可以看到原本人物在相框内，伴随着炸开的星火出现在相框之外，非常新奇有趣，如图5-23所示。

图 5-23　人物出框效果展示

下面介绍在剪映中运用"智能抠像"功能制作人物出框效果的操作方法。

步骤 01 在剪映中导入相应的视频素材，选择第1段素材，❶在"基础"选项区域拖曳"磨皮"滑块，将其参数设置为100；❷单击右下角的"应用到全部"按钮，如图5-24所示。

步骤 02 ❶单击"播放器"面板右下角的"原始"按钮；❷在展开的下拉列表中选择9∶16选项，如图5-25所示。

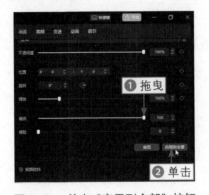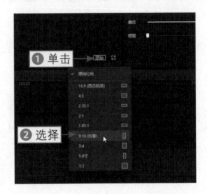

图 5-24　单击"应用到全部"按钮　　　　图 5-25　选择 9∶16 选项

步骤 **03** 调整第1段和第2段视频素材画面的位置，主要显示画面上方，如图5-26所示。

步骤 **04** 拖曳第3段和第4段视频素材至画中画轨道，调整其时长和位置，使第1段和第2段画中画轨道的视频分别与第1段和第2段视频素材的结束位置对齐，如图5-27所示。

图 5-26 调整画面位置

图 5-27 调整素材的时长和位置

步骤 **05** 选择第1段画中画轨道的视频，❶切换至"抠像"选项卡；❷单击"智能抠像"按钮，如图5-28所示。

步骤 **06** 稍等片刻，即可完成抠像，在"播放器"面板中调整人像的大小和位置，如图5-29所示。

图 5-28 单击"智能抠像"按钮

图 5-29 调整人像的大小和位置（1）

步骤 **07** ❶切换至"动画"选项卡；❷在下方的"入场"选项卡中选择"向左滑动"动画，如图5-30所示。

步骤 **08** 拖曳"动画时长"滑块，设置"动画时长"为1.0s，如图5-31所示。

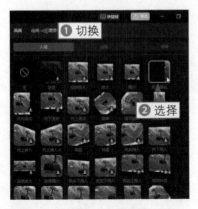

图 5-30 选择"向左滑动"动画

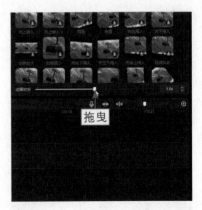

图 5-31 设置"动画时长"（1）

步骤 09 用上面相同的方法抠出第2段画中画素材中的人像，并调整其画面大小和位置，如图5-32所示。

步骤 10 ❶为第2段画中画素材添加"入场"选项卡中的"向右滑动"动画；❷设置"动画时长"为1.0s，如图5-33所示。

图 5-32 调整人像的大小和位置（2）

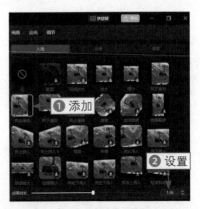

图 5-33 设置"动画时长"（2）

步骤 11 拖曳时间指示器至视频起始位置，❶单击"特效"按钮；❷切换至"氛围"选项卡；❸单击"关月亮"特效右下角的 按钮，如图5-34所示。

步骤 12 单击"星火炸开"特效右下角的 按钮，如图5-35所示。

步骤 13 调整两段特效的时长，使"关月亮"特效与第1段画中画素材的起始位置对齐，使"星火炸开"特效与第1段画中画素材的结束位置对齐，如图5-36所示。

步骤 14 ❶用相同的方法，为第2段视频素材和第2段画中画素材添加"关月亮"特效和"星火炸开"特效，并调整特效时长；❷为视频添加合适的背景音乐，如图5-37所示。

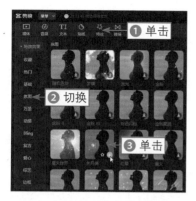

图 5-34 单击相应的按钮（1）

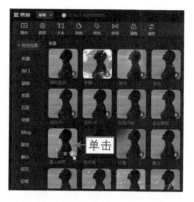

图 5-35 单击相应的按钮（2）

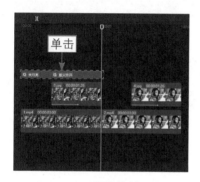

图 5-36 调整特效时长

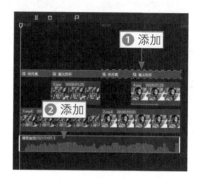

图 5-37 添加背景音乐

步骤 15 在"播放器"面板中预览视频效果，如图5-38所示。

图 5-38 预览视频效果

5.2 "色度抠图"功能

使用"色度抠图"功能可以抠除视频中不需要的色彩，从而制作出想要的视频画面效果。本节介绍运用"色度抠图"功能制作穿越手机视频、开门穿越视频和飞机飞过视频的操作方法。

5.2.1 制作穿越手机视频

【效果展示】：运用"色度抠图"功能可以套用很多素材，比如可以让画面从手机中切换出来，效果如图 5-39 所示。

扫码看案例效果　扫码看教学视频

图 5-39　穿越手机效果展示

下面介绍在剪映中运用"色度抠图"功能制作穿越手机视频的操作方法。

步骤 01 在剪映中导入相应的视频素材，如图5-40所示。

步骤 02 将穿越手机视频素材拖至画中画轨道，如图5-41所示。

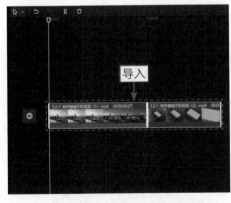

图 5-40　导入视频素材

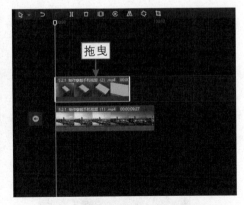

图 5-41　拖曳视频素材至画中画轨道

步骤 03 ❶切换至"抠像"选项卡；❷选中"色度抠图"复选框；❸单击"取色器"按钮 ；❹拖曳取色器，取样画面中的绿色，如图5-42所示。

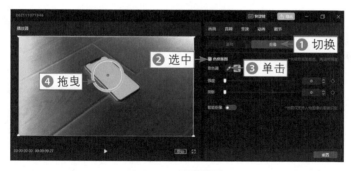

图 5-42　取样绿色

步骤 04 分别拖曳"强度"和"阴影"滑块，将"强度"和"阴影"参数均设置为100，如图5-43所示。

图 5-43　设置"强度"和"阴影"参数

步骤 05 在"播放器"面板中预览视频效果，如图5-44所示。

图 5-44　预览视频效果

5.2.2　制作开门穿越视频

【效果展示】："色度抠图"功能与绿幕素材搭配可以制作出意想不到的视频效果。比如制作开门穿越效果，就能给人期待感，在视频出现变化的时候，会给人眼前一亮的感觉，如图 5-45 所示。

扫码看案例效果　扫码看教学视频

图 5-45　开门穿越效果展示

下面介绍在剪映中运用"色度抠图"功能制作开门穿越视频的操作方法。

步骤 01 在剪映中导入相应的视频素材，如图5-46所示。

步骤 02 将开门穿越视频素材拖至画中画轨道，如图5-47所示。

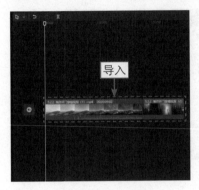

图 5-46　导入视频素材　　　　　　图 5-47　拖曳视频素材至画中画轨道

步骤 03 ❶切换至"抠像"选项卡；❷选中"色度抠图"复选框；❸单击"取色器"按钮 ；❹拖曳取色器，取样画面中的绿色，如图5-48所示。

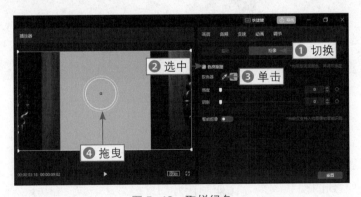

图 5-48　取样绿色

步骤 04 分别拖曳"强度"和"阴影"滑块，将"强度"和"阴影"参数均设置为100，如图5-49所示。

图 5-49 设置"强度"和"阴影"参数

步骤 05 在"播放器"面板中预览视频效果，如图5-50所示。

图 5-50 预览视频效果

5.2.3 制作飞机飞过视频

扫码看案例效果 扫码看教学视频

【效果展示】：剪映的素材库为用户提供了很多绿幕素材，用户可以直接使用相应的绿幕素材做出满意的视频效果。例如，使用飞机飞过绿幕素材就可以轻松制作出飞机飞过眼前的视频效果，如图 5-51 所示。

图 5-51 飞机飞过效果展示

下面介绍在剪映中运用"色度抠图"功能制作飞机飞过视频的操作方法。

步骤 01 在剪映中导入一段视频素材，单击素材右下角的 ➕ 按钮，将其导入视频轨道，如图5-52所示。

步骤 02 ❶ 切换至"素材库"选项卡；❷ 单击"绿幕素材"选项区域的飞机飞过绿幕素材右下角的 ➕ 按钮，将绿幕素材导入视频轨道，如图5-53所示。

图 5-52　单击相应的按钮（1）

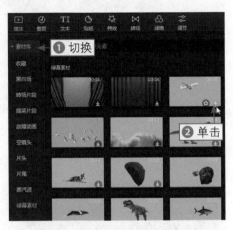

图 5-53　单击相应的按钮（2）

步骤 03 拖曳绿幕素材至画中画轨道，如图5-54所示。

步骤 04 ❶ 切换至"抠像"选项卡；❷ 选中"色度抠图"复选框，如图5-55所示。

图 5-54　拖曳绿幕素材至画中画轨道

图 5-55　选中"色度抠图"复选框

步骤 05 ❶ 单击"取色器"按钮 🖊；❷ 拖曳取色器，取样画面中的绿色，如图5-56所示。

步骤 06 ❶ 拖曳"强度"滑块，将"强度"参数设置为100；❷ 拖曳"阴影"

滑块，将"阴影"参数设置为100，如图5-57所示。

步骤 07 调整绿幕素材的画面位置和大小，如图5-58所示。

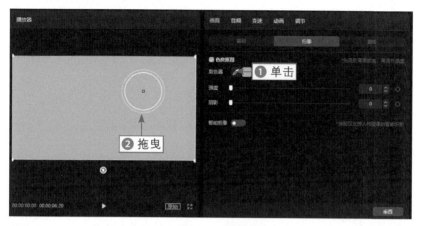

图 5-56 取样绿色

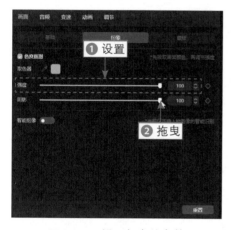

图 5-57 设置相应的参数

图 5-58 调整绿幕素材的画面位置

步骤 08 在"播放器"面板中预览视频效果，如图5-59所示。

图 5-59 预览视频效果

习题 制作局部抠图转场

扫码看案例效果　扫码看教学视频

【效果展示】：利用抠好的图像可以制作抠图转场效果。也就是说，在切换场景之前，画面中会动态地显示下一个场景中的局部元素，随着动画效果的结束，画面也随之完整地切换为下一个场景，如图 5-60 所示。

图 5-60　抠图转场效果展示

蒙版合成和关键帧 | 第6章

本章要点

　　蒙版和关键帧是视频制作中不可缺少的功能，掌握二者的使用技巧才能制作出各种有亮点的视频。本章主要介绍运用"线性"蒙版制作调色效果对比视频、运用"矩形"蒙版遮盖水印、运用多种蒙版制作卡点视频、运用关键帧让静止的照片变成动态的视频和制作滑屏Vlog视频的操作方法，帮助大家制作更多出彩的视频。

6.1 蒙版

剪映中的蒙版一共有 6 种样式，分别是"线性""镜面""圆形""矩形""爱心""星形"，运用不同样式的蒙版可以制作出不同的视频效果。

6.1.1 制作调色效果对比

扫码看案例效果 扫码看教学视频

【效果展示】：在剪映中运用"线性"蒙版可以制作调色滑屏对比视频，将调色前和调色后的两个视频合成在一个视频场景中，随着蒙版线的移动，调色前的视频画面逐渐消失，调色后的视频画面逐渐显现，效果如图 6-1 所示。

图 6-1　调色对比效果展示

下面介绍在剪映中运用"线性"蒙版制作调色对比的操作方法。

步骤 01 在剪映中导入相应的视频素材，将调色前的视频素材拖至画中画轨道，如图6-2所示。

步骤 02 ❶切换至"蒙版"选项卡；❷选择"线性"蒙版；❸设置"旋转"参数为90°，如图6-3所示。

图 6-2　将素材拖至画中画轨道　　图 6-3　设置"旋转"参数

步骤 03 ❶将蒙版线拖至视频的左侧；❷单击"位置"右侧的"添加关键

帧"按钮◇，如图6-4所示。

图 6-4　单击"添加关键帧"按钮

步骤 04 拖曳时间指示器至视频结束的位置，将蒙版线拖至视频的最右侧，如图6-5所示。

图 6-5　将蒙版线拖至视频的最右侧

步骤 05 在"播放器"面板中预览视频效果，如图6-6所示。

图 6-6　预览视频效果

6.1.2　遮盖视频中的水印

扫码看案例效果　扫码看教学视频

【效果展示】：在剪映中运用"矩形"蒙版可以遮盖视频中的水印，让水印不那么清晰，甚至达到去除水印的效果，如图6-7所示。

图 6-7　遮盖水印效果展示

下面介绍在剪映中运用"矩形"蒙版遮盖视频水印的操作方法。

步骤 01　在剪映中导入一段视频素材，如图6-8所示。

步骤 02　❶单击"特效"按钮；❷在"基础"选项卡中单击"模糊"特效右下角的 ➕ 按钮，如图6-9所示。

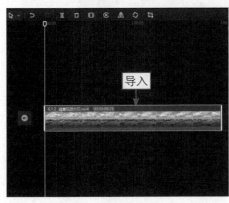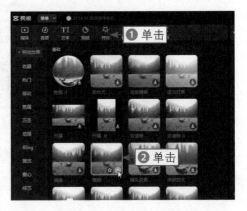

图 6-8　导入视频素材　　　　　图 6-9　单击相应的按钮

步骤 03　调整特效持续的时长，使其与视频时长一致，如图6-10所示。

步骤 04　单击"导出"按钮，导出视频，如图6-11所示。

步骤 05　在剪映中导入上一步导出的视频素材，将原始视频素材导入到视频轨道，将上一步导出的视频素材拖至画中画轨道，如图6-12所示。

步骤 06　❶切换至"蒙版"选项区；❷选择"矩形"蒙版，如图6-13所示。

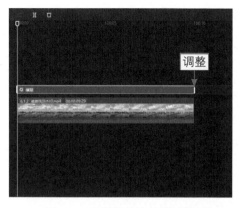

图 6-10　调整特效持续时长

图 6-11　单击"导出"按钮

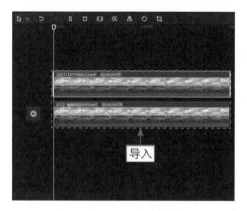

图 6-12　导入视频素材

图 6-13　选择"矩形"蒙版

步骤 07　❶调整蒙版的大小和位置，使其盖住水印；❷设置"羽化"参数为4，如图6-14所示。

图 6-14　设置"羽化"参数

步骤 08 在"播放器"面板中预览视频效果，如图6-15所示。

图 6-15　预览视频效果

6.1.3　制作唯美卡点视频

【效果展示】：在剪映中用户可以运用多种蒙版制作卡
点视频。操作完成后就可以看到，随着音乐节奏的变化，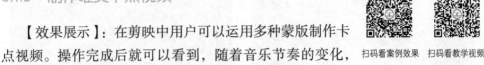
蒙版的大小和位置也会发生变化，视频画面的色彩也随之变化，效果如图 6-16
所示。

图 6-16　卡点视频效果展示

下面介绍在剪映中运用多种蒙版制作唯美卡点视频的操作方法。

步骤 01 在剪映中导入相应的素材，❶将后面4段素材拖至画中画轨道；
❷添加合适的卡点音乐，如图6-17所示。

步骤 02 根据音乐节奏，单击"手动踩点"按钮🖼，为音频添加3个小黄点，
如图6-18所示。

步骤 03 根据小黄点的位置，调整视频素材和画中画素材的时长和位置，如
图6-19所示。

步骤 04 ❶拖曳时间指示器至视频的起始位置；❷选择第1段画中画素材，如
图6-20所示。

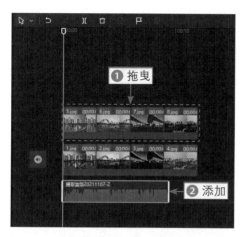

图 6-17　添加卡点音乐

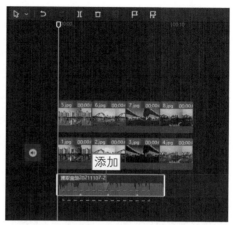

图 6-18　添加小黄点

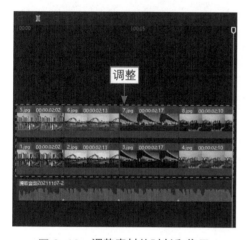

图 6-19　调整素材的时长和位置

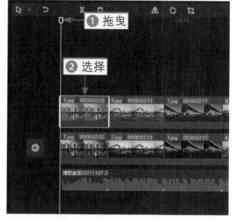

图 6-20　选择第 1 段画中画素材

步骤 05 ❶切换至"蒙版"选项卡；❷选择"圆形"蒙版；❸调整蒙版的大小，如图6-21所示。

图 6-21　调整蒙版的大小（1）

步骤 06 单击"大小"右侧的"添加关键帧"按钮◇，如图6-22所示。

步骤 07 拖曳时间指示器至第1段画中画素材的结束位置，如图6-23所示。

图 6-22 单击"添加关键帧"按钮

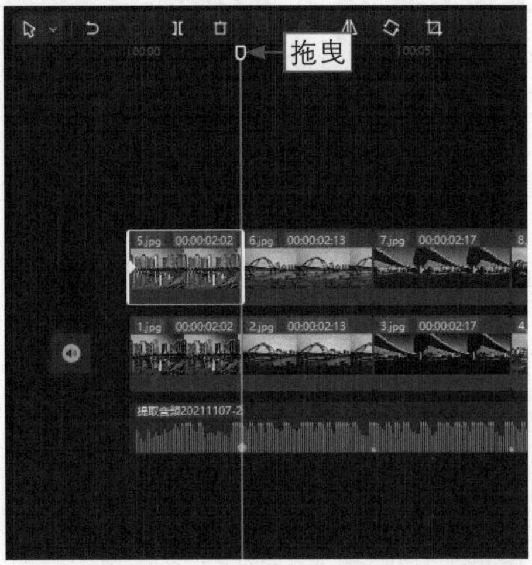

图 6-23 拖曳时间指示器至相应位置

步骤 08 调整蒙版的大小，如图6-24所示。

步骤 09 用相同的方法为剩下的3段画中画素材添加相应的蒙版，并设置关键帧动画，如图6-25所示。

图 6-24 调整蒙版的大小（2）

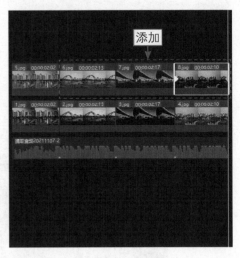

图 6-25 添加蒙版

步骤 10 选择第1段视频素材，如图6-26所示。

步骤 11 ❶切换至"背景"选项卡；❷设置"背景填充"为"模糊"；❸选

择第2个模糊效果；❹单击"应用到全部"按钮，如图6-27所示。

（步骤 **12**）在播放器面板中预览视频效果，如图6-28所示。

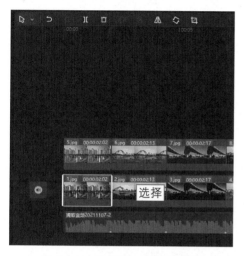

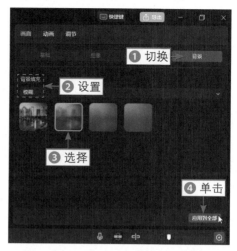

图 6-26　选择第 1 段视频素材　　　　图 6-27　单击"应用到全部"按钮

图 6-28　预览视频效果

6.2　关键帧

在剪映中，关键帧并没有单独的功能面板，只能在"画面"选项卡、"音频"选项卡和"调节"选项卡的部分功能区中找到它。虽然功能按钮不起眼，但运用关键帧可以制作出许多富有变化的视频效果。

6.2.1　让照片变成动态视频

【效果展示】：在剪映中运用关键帧可以让静态的照片变成动态的视频，方法非常简单，效果如图 6-29 所示。

扫码看案例效果　扫码看教学视频

图 6-29　让静态的照片变成动态的视频效果展示

下面介绍在剪映中运用关键帧让静态的照片变成动态的视频的操作方法。

步骤 01　在剪映中导入一张照片素材，将其显示时长设置为 6s，如图 6-30 所示。

步骤 02　单击"原始"按钮，设置视频比例为9:16，如图6-31所示。

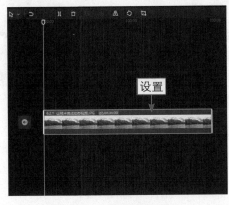

图 6-30　设置素材时长

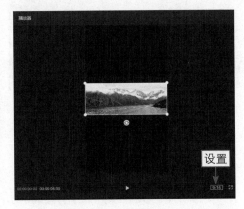

图 6-31　设置视频比例

步骤 03　❶调整素材画面的大小，使其铺满屏幕；❷调整画面位置，使画面最左侧的位置为视频的起始位置；❸单击"位置"右侧的"添加关键帧"按钮◇，如图6-32所示。

步骤 04　拖曳时间指示器至视频的结束位置，调整画面显示位置，使画面最右侧为视频结束位置，如图6-33所示。

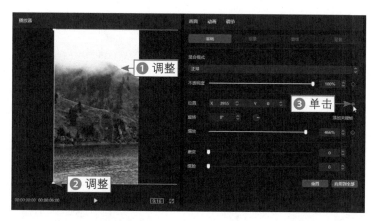

图 6-32 单击"添加关键帧"按钮

步骤 05 拖曳时间指示器至视频起始位置，❶单击"贴纸"按钮；❷切换至
"旅行"选项卡；❸单击相应贴纸右下角的 ➕ 按钮，如图6-34所示。

步骤 06 调整贴纸的大小和位置，如图6-35所示。

步骤 07 添加合适的背景音乐，如图6-36所示。

图 6-33 调整画面位置

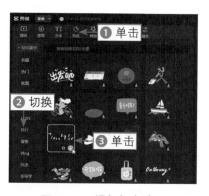

图 6-34 添加相应贴纸

图 6-35 调整贴纸的大小和位置

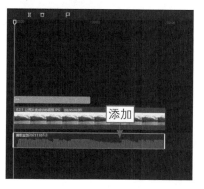

图 6-36 添加背景音乐

步骤 08 在"播放器"面板中预览视频效果，如图6-37所示。

图 6-37　预览视频效果

6.2.2　制作滑屏 Vlog 视频

【效果展示】：在剪映中运用关键帧可以制作滑屏 Vlog 视频，让视频中有视频，如图 6-38 所示。

扫码看案例效果　扫码看教学视频

图 6-38　滑屏 Vlog 效果展示

下面介绍在剪映中运用关键帧制作滑屏 Vlog 视频的操作方法。

步骤 01 在剪映中导入4段视频素材，如图6-39所示。

步骤 02 将第2段、第3段和第4段素材分别拖至画中画轨道，如图6-40所示。

步骤 03 单击"原始"按钮，设置视频比例为9∶16，如图6-41所示。

步骤 04 调整4段视频素材的画面位置和大小，如图6-42所示。

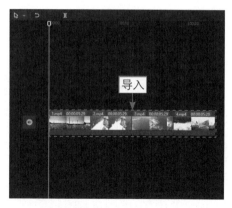

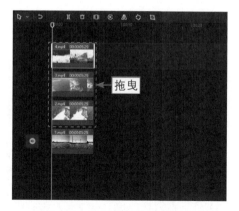

图 6-39　导入视频素材（1）　　　　图 6-40　拖曳素材至画中画轨道

步骤 05 ❶切换至"背景"选项卡；❷设置"背景填充"为"样式"；❸选择合适的背景样式，如图6-43所示。

步骤 06 单击"导出"按钮，导出视频，如图6-44所示。

图 6-41　设置视频比例（1）　　　　图 6-42　调整素材的位置和大小

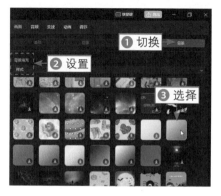

图 6-43　选择背景样式　　　　　　图 6-44　单击"导出"按钮

步骤 **07** 在剪映中导入上一步导出的视频素材，如图6-45所示。

步骤 **08** 单击"原始"按钮，设置视频比例为16∶9，如图6-46所示。

图 6-45 导入视频素材（2）　　　　　图 6-46 设置视频比例（2）

步骤 **09** ❶调整画面的大小和位置，使画面最上面位置为视频起始位置；❷单击"位置"右侧的"添加关键帧"按钮❖，如图6-47所示。

图 6-47 单击"添加关键帧"按钮

步骤 **10** 拖曳时间指示器至视频结束位置，调整素材的画面位置，使画面最下面的位置为视频末尾位置，如图6-48所示。

步骤 **11** 拖曳时间指示器至视频起始位置，❶单击"文本"按钮；❷切换至"文字模板"选项卡；❸单击相应模板右下角的 按钮，如图6-49所示。

步骤 **12** 修改文字内容，如图6-50所示。

步骤 **13** 调整文字的位置和大小，如图6-51所示。

图 6-48　调整素材画面的位置

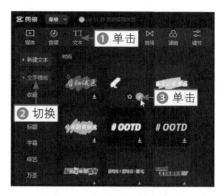

图 6-49　单击相应的按钮

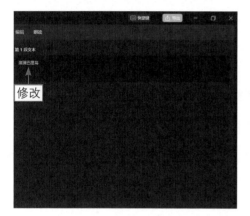

图 6-50　修改文字内容

图 6-51　调整文字的位置和大小

步骤 14 调整文字的持续时长，如图6-52所示。

步骤 15 ❶单击"关闭原声"按钮 🔊；❷添加合适的背景音乐，如图6-53
所示。

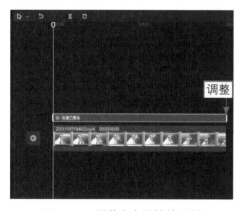

图 6-52　调整文字的持续时长

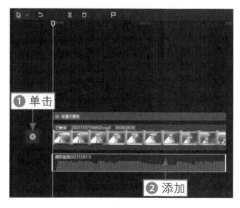

图 6-53　添加背景音乐

步骤 16 在"播放器"面板中预览视频效果，如图6-54所示。

图 6-54　预览视频效果

习题　制作照片显现效果

【效果展示】：在剪映中应用"圆形"蒙版和其他功能，可以制作出照片画面从局部显示到完整显示的视频效果，效果如图 6-55 所示。

扫码看案例效果　扫码看教学视频

图 6-55　照片显现效果展示

设置视频转场 | 第7章

本章要点

　　由多个素材组成的视频少不了转场，有特色的转场能为视频增加特色，还能使过渡更加自然，是学习剪辑要掌握的一个技巧。本章主要介绍设置剪映自带的转场、制作笔刷转场、撕纸转场、动画转场和曲线变速转场的操作方法。精彩的视频和电影都少不了高级转场，转场越炫酷、自然，视频画面就越流畅。

7.1 认识和设置转场

剪映提供了6种类型的转场效果，包括"基础转场""运镜转场""特效转场""MG转场""幻灯片""遮罩转场"等类型。为视频添加合适的转场效果，能增加很多亮点。

7.1.1 添加和删除转场

在剪映中导入相应的素材，单击"转场"按钮，即可显示"转场"面板，如图7-1所示。切换至"遮罩转场"选项卡，即可查看剪映提供的13种遮罩转场，如图7-2所示。

扫码看教学视频

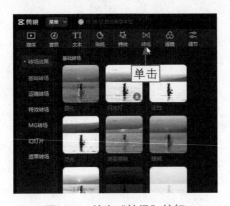 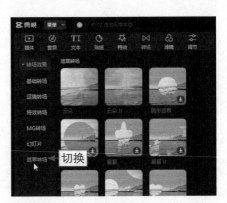

图7-1 单击"转场"按钮　　　　　　图7-2 切换至"遮罩转场"选项卡

❶单击"遮罩转场"选项卡中的"圆形遮罩"转场；❷即可预览转场效果，如图7-3所示。

图7-3 预览转场效果

单击"圆形遮罩"转场右下角的➕按钮，即可添加转场，如图7-4所示。

❶ 选择两段视频素材之间的转场◙；❷ 单击"删除"按钮◪，即可删除"圆形遮罩"转场，如图 7-5 所示。

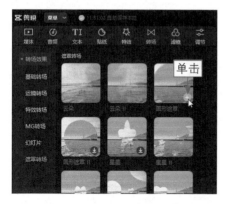

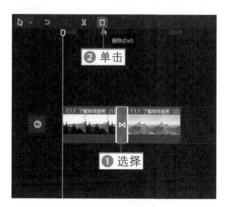

图 7-4 单击相应的按钮

图 7-5 单击"删除"按钮

7.1.2 设置自带的转场

【效果展示】：为视频添加合适的转场效果，并设置转场的持续时长，可以让素材之间的切换更流畅，为视频增添趣味性，如图 7-6 所示。

扫码看案例效果 扫码看教学视频

图 7-6 设置转场效果展示

下面介绍在剪映中设置自带转场的操作方法。

步骤 01 在剪映中导入相应的素材，如图7-7所示。

步骤 02 ❶单击"转场"按钮；❷切换至"遮罩转场"选项卡；❸单击"云朵"转场右下角的⊕按钮，如图7-8所示。

步骤 03 拖曳"转场时长"滑块，将"转场时长"参数设置为2.0s，如图7-9所示。

步骤 04 添加合适的背景音乐，如图7-10所示。

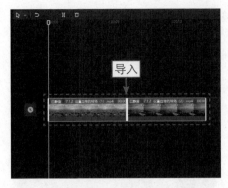

图 7-7　导入素材

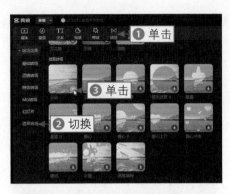

图 7-8　单击相应的按钮

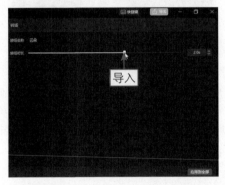

图 7-9　设置"转场时长"参数

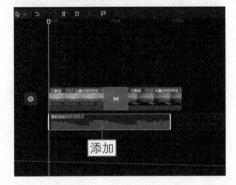

图 7-10　添加背景音乐

步骤 05 在"播放器"面板中预览视频效果，如图7-11所示。

图 7-11　预览视频效果

7.2　制作视频转场

除了可以为视频添加剪映自带的转场，用户还可以利用剪映的"色度抠图"功能、"动画"功能和"变速"功能制作其他的视频转场效果。本节介绍在剪映中利用"色度抠图"功能制作笔刷转场和撕纸转场、利用"动画"功能制作动画转场，以及利用"变速"功能制作曲线变速转场的操作方法。

7.2.1 制作笔刷转场

扫码看案例效果 扫码看教学视频

【效果展示】：第 5 章中介绍过色度抠图的技巧，本节主要利用这个知识点来设置转场，制作涂抹画面般的笔刷转场，效果如图 7-18 所示。

图 7-12 笔刷转场效果展示

下面介绍在剪映中制作笔刷转场的操作方法。

步骤 01 在剪映中导入视频素材和笔刷绿幕视频素材，如图7-13所示。

步骤 02 将绿幕素材拖至画中画轨道，使其结束位置与视频素材的结束位置对齐，如图7-14所示。

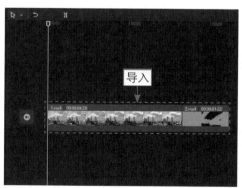 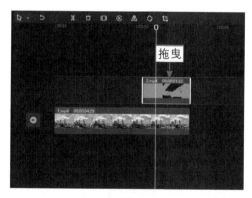

图 7-13 导入视频素材（1） 图 7-14 将绿幕素材拖至画中画轨道

步骤 03 ❶切换至"抠像"选项卡；❷选中"色度抠图"复选框；❸单击"取色器"按钮 ✐；❹拖曳取色器，取样画面中的黑色，如图7-15所示。

步骤 04 ❶设置"强度"参数为100；❷单击"导出"按钮，导出视频，如图7-16所示。

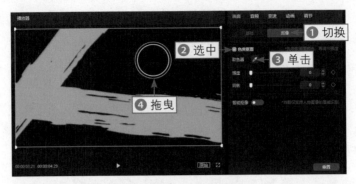

图 7-15　取样黑色

图 7-16　单击"导出"按钮

步骤 05 在剪映中导入第2段视频素材和上一步导出的视频素材，如图7-17所示。

步骤 06 将上一步导出的视频素材拖至画中画轨道，如图7-18所示。

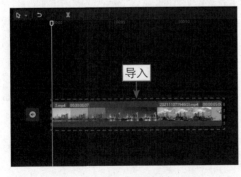

图 7-17　导入视频素材（2）

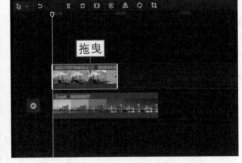

图 7-18　将素材拖至画中画轨道

步骤 07 拖曳时间指示器至画中画轨道的结束位置，❶切换至"抠像"选项卡；❷选中"色度抠图"复选框；❸单击"取色器"按钮 ✐ ；❹拖曳取色器，取样画面中的绿色，如图7-19所示。

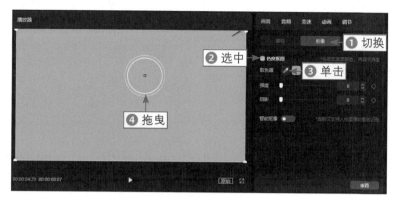

图 7-19 取样绿色

步骤 08 拖曳"强度"和"阴影"滑块，设置"强度"和"阴影"参数为100，如图7-20所示。

步骤 09 添加合适的背景音乐，如图7-21所示。

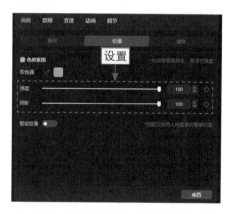

图 7-20 设置"强度"和"阴影"参数

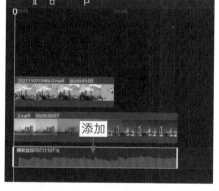

图 7-21 添加背景音乐

步骤 10 在"播放器"面板中预览视频效果，如图7-22所示。

图 7-22 预览视频效果

7.2.2　制作撕纸转场

【效果展示】：撕纸转场的效果非常形象逼真，用在同一场景日夜变换视频中的效果会更好，如图 7-23 所示。

扫码看案例效果　扫码看教学视频

图 7-23　撕纸转场效果展示

下面介绍在剪映中制作撕纸转场的操作方法。

步骤 01　在剪映中导入视频素材和撕纸绿幕素材，如图7-24所示。

步骤 02　将绿幕素材拖至画中画轨道，使结束位置与视频轨道的结束位置对齐，如图7-25所示。

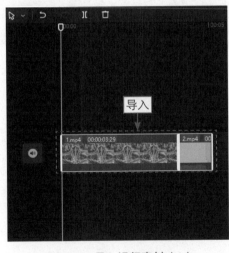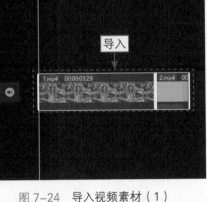

图 7-24　导入视频素材（1）

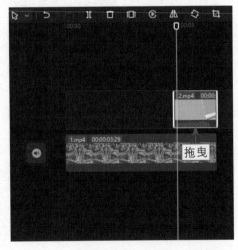

图 7-25　将绿幕素材拖至画中画轨道

步骤 03　❶切换至"抠像"选项卡；❷选中"色度抠图"复选框；❸单击"取色器"按钮，❹拖曳取色器，取样画面中的浅绿色，如图7-26所示。

步骤 04　拖曳"强度"和"阴影"滑块，设置"强度"参数为6、"阴影"参数为100，如图7-27所示。

步骤 05　单击"导出"按钮，导出视频，如图7-28所示。

图 7-26 取样浅绿色

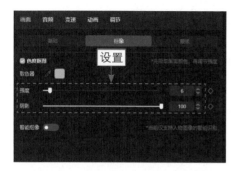

图 7-27 设置相应的参数（1）

图 7-28 单击"导出"按钮

步骤 06 在剪映中导入第2段视频素材和上一步导出的视频素材，如图7-29所示。

步骤 07 将上一步导出的视频素材拖曳至画中画轨道，如图7-30所示。

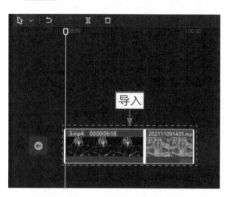

图 7-29 导入视频素材（2）

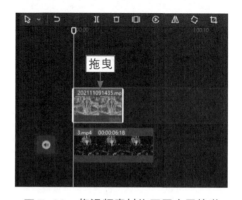

图 7-30 将视频素材拖至画中画轨道

步骤 08 ❶切换至"抠像"选项卡；❷选中"色度抠图"复选框；❸单击

103

"取色器"按钮 ✐；❹拖曳取色器，取样画面中的深绿色，如图7-31所示。

图 7-31 取样深绿色

步骤 09 拖曳"强度"和"阴影"滑块，设置"强度"和"阴影"参数为100，如图7-32所示。

步骤 10 为视频添加合适的背景音乐，如图7-33所示。

图 7-32 设置相应的参数（2）

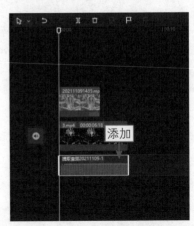

图 7-33 添加背景音乐

步骤 11 在"播放器"面板中预览视频效果，如图7-34所示。

图 7-34 预览视频效果

7.2.3　制作动画转场

【效果展示】：剪映中一共有 3 种动画，分别是"入场"
动画、"出场"动画和"组合"动画，不同种类的动画可　扫码看案例效果　扫码看教学视频
以组合搭配出不同的效果。例如，用户可以为素材添加不同的动画，让素材在运
动中实现切换，画面动感十足，效果如图 7-35 所示。

图 7-35　动画转场效果展示

下面介绍在剪映中制作动画转场的操作方法。

步骤 01 在剪映中导入相应的素材，如图7-36所示。

步骤 02 设置每段素材显示的时长为2s，如图7-37所示。

图 7-36　导入素材

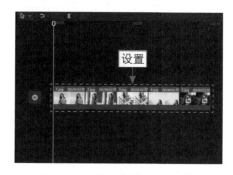

图 7-37　设置素材显示的时长

步骤 03 选择第1段素材，如图7-38所示。

步骤 04 ❶单击"背景"按钮，切换至"背景"选项卡；❷设置"背景填

充"为"样式"，如图7-39所示。

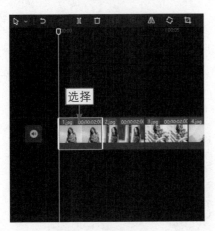

图 7-38　选择素材

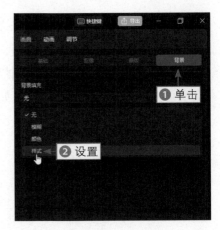

图 7-39　设置"背景填充"

步骤 05 ❶选择合适的背景样式；❷单击"应用到全部"按钮，如图7-40所示。

步骤 06 ❶切换至"动画"选项卡；❷在下方切换至"出场"选项卡；❸选择"放大"动画，如图7-41所示。

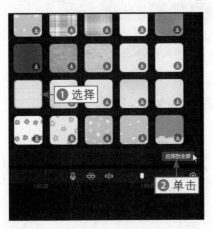

图 7-40　单击"应用到全部"按钮

图 7-41　选择"放大"动画

步骤 07 设置"动画时长"为1.0s，如图7-42所示。

步骤 08 用相同的方法为剩下的4段素材添加相应的动画，并设置"动画时长"，如图7-43所示。

步骤 09 拖曳时间指示器至视频起始位置，❶单击"特效"按钮；❷切换至Bling选项卡；❸单击"细闪Ⅱ"特效右下角的 按钮，如图7-44所示。

步骤 **10** 调整特效的持续时长，使其与视频时长保持一致，如图7-45所示。

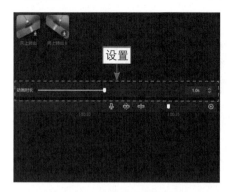

图 7-42　设置"动画时长"

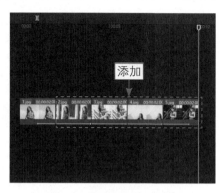

图 7-43　添加相应的动画

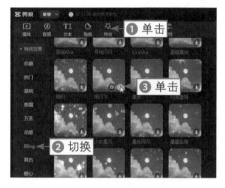

图 7-44　单击相应的按钮

图 7-45　调整特效的持续时长

步骤 **11** ❶单击"贴纸"按钮；❷切换至Vlog选项卡；❸添加相应的贴纸，如图7-46所示。

步骤 **12** 调整贴纸显示的时长，使其与第1段素材的时长保持一致，如图7-47所示。

图 7-46　添加贴纸（1）

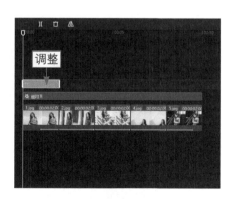

图 7-47　调整贴纸显示的时长

步骤 13 用相同的方法为剩下的素材添加合适的贴纸，如图7-48所示。

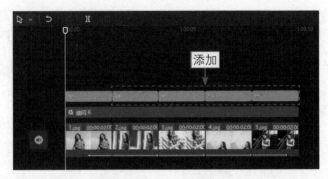

图 7-48　添加贴纸（2）

步骤 14 调整各个贴纸的位置和大小，如图7-49所示。

步骤 15 ❶单击"文本"按钮；❷切换至"文字模板"选项卡；❸选择合适的文字模板，如图7-50所示。

图 7-49　调整贴纸的位置和大小

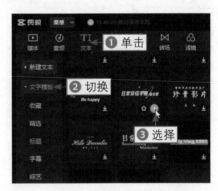

图 7-50　选择文字模板

步骤 16 ❶删除不需要的文字内容；❷调整模板的大小和位置，如图7-51所示。

图 7-51　调整模板的大小和位置

步骤 **17** 调整文字模板的持续时长，使其与视频时长保持一致，如图7-52所示。

步骤 **18** 添加合适的背景音乐，如图7-53所示。

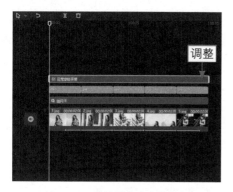

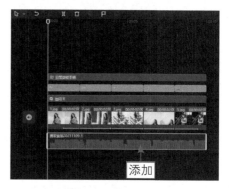

图 7-52　调整模板的持续时长　　　　　　图 7-53　添加背景音乐

步骤 **19** 在"播放器"面板中预览视频效果，如图7-54所示。

图 7-54　预览视频效果

7.2.4　制作曲线变速转场

【效果展示】：曲线变速转场能让视频之间的过渡变得自然，很适合用在运镜角度差不多的视频中，效果如图 7-55所示。

扫码看案例效果　扫码看教学视频

图 7-55 曲线变速转场效果展示

下面介绍在剪映中制作曲线变速转场的操作方法。

步骤 01 在剪映中导入两段视频素材，如图7-56所示。

步骤 02 选择第1段视频素材，切换至"变速"选项卡，如图7-57所示。

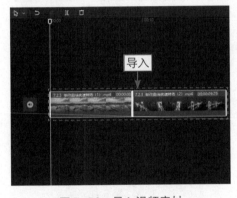

图 7-56 导入视频素材　　　　　　　　　图 7-57 切换至"变速"选项卡

步骤 03 切换至"曲线变速"选项卡，如图7-58所示。

步骤 04 选择"自定义"选项，如图7-59所示。

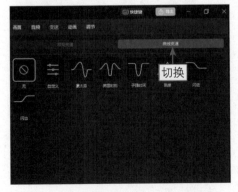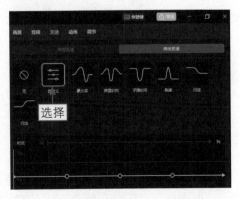

图 7-58 切换至"曲线变速"选项区　　　图 7-59 选择"自定义"选项（1）

步骤 05 调整变速点的位置，将前面两个变速点拖至第4条虚线的位置，将后面3个变速点拖至第1条虚线的位置，如图7-60所示。

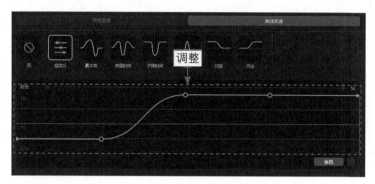

图 7-60 调整变速点的位置（1）

步骤 06 选择第2段视频素材，选择"自定义"选项，如图7-61所示。

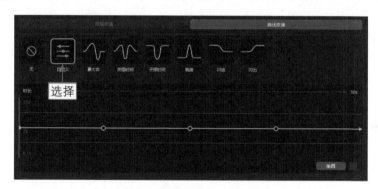

图 7-61 选择"自定义"选项（2）

步骤 07 调整变速点的位置，将前面3个变速点拖至第1条虚线的位置，将后面两个变速点拖至第4条虚线的位置，如图7-62所示。

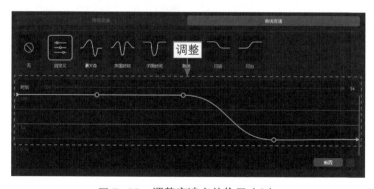

图 7-62 调整变速点的位置（2）

步骤 **08** 添加合适的背景音乐，如图7-63所示。

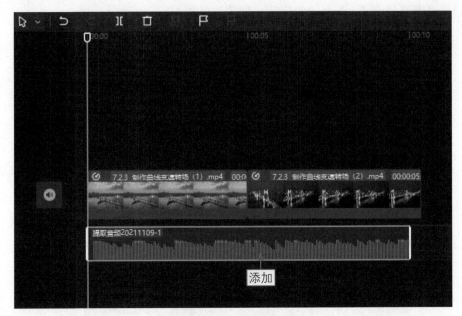

图 7-63　添加背景音乐

步骤 **09** 在"播放器"面板中预览视频效果，如图7-64所示。

图 7-64　预览视频效果

习题 **制作翻页转场**

【效果展示】：使用剪映的"翻页"转场可以模拟出翻书般的视频场景切换效果，如图 7-65 所示。

扫码看案例效果　扫码看教学视频

图 7-65　翻页转场效果展示

制作视频片头片尾

第8章

本章要点

　　一个完美的片头能够吸引观众继续观看视频，一个有特色的片尾能让观众意犹未尽，也能让观众记住作者的名字。本章主要介绍为视频添加自带的片头片尾、制作文字消散片头、制作电影开幕片头、制作闭幕片尾和字幕拉升片尾的操作方法，让大家学会各种风格的片头片尾的制作，让视频的前后片段都出色。

8.1 添加片头片尾

剪映除了具有强大的视频剪辑功能，还自带一个种类丰富、数量繁多的素材库。如果用户希望自己的视频有一个好看的片头片尾，最简单的方法就是在剪映"素材库"选项卡的"片头"和"片尾"选项区域挑选并添加合适的片头片尾。

8.1.1 了解剪映自带的片头片尾

在剪映中导入相应的素材，单击"媒体"功能区中的"素材库"按钮，即可展开"素材库"选项卡，如图 8-1 所示。单击"片头"按钮显示"片头"选项区域，即可查看片头素材，如图 8-2 所示。

扫码看教学视频

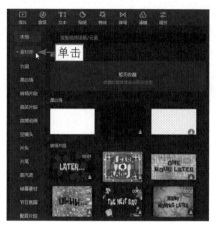

图 8-1 单击"素材库"按钮

图 8-2 单击"片头"按钮

❶ 在"片头"选项区域单击相应的视频素材；❷ 在"播放器"面板中预览素材，如图 8-3 所示。

图 8-3 预览片头素材

拖曳时间指示器至视频的结束位置，❶ 单击"片尾"按钮，显示"片尾"选项区域；❷ 单击相应片尾素材右下角的 ⊕ 按钮，即可为视频添加片尾，如图 8-4 所示。如果用户对添加的片尾不满意，单击"删除"按钮 🗑，即可删除片尾，如图 8-5 所示。片头素材的添加和删除也使用同样的操作方法。

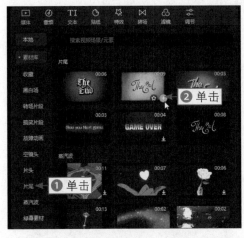

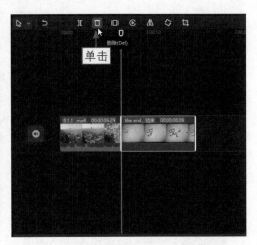

图 8-4　单击相应的按钮　　　　　　　图 8-5　单击"删除"按钮

8.1.2　添加剪映自带的片头片尾

【效果展示】：为视频添加片头片尾可以让视频效果更完整，而且好的片头可以增加观众的好奇心和期待感，好的片尾则可以为观众留下回味的时间，效果如图 8-6 所示。

扫码看案例效果　扫码看教学视频

图 8-6　添加片头片尾效果展示

下面介绍在剪映中如何添加其自带的片头片尾。

步骤 01 在剪映中导入一段视频素材，如图 8-7 所示。

步骤 02 ❶切换至"素材库"选项卡；❷在"片头"选项区域单击相应片头素材右下角的 ⊕ 按钮，如图 8-8 所示。

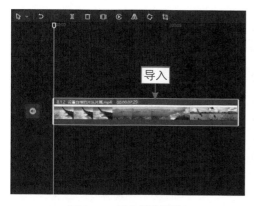

图 8-7 导入视频素材

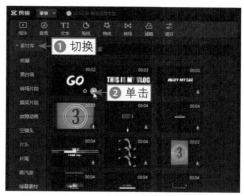

图 8-8 单击相应的按钮（1）

步骤 03 拖曳时间指示器至视频结束位置，❶单击"片尾"按钮，显示"片尾"选项区域；❷单击相应片尾素材右下角的➕按钮，如图8-9所示。

步骤 04 为视频添加合适的背景音乐，如图8-10所示。

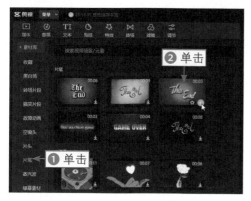

图 8-9 单击相应的按钮（2）

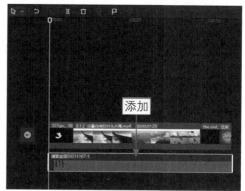

图 8-10 添加背景音乐

步骤 05 在"播放器"面板中预览视频效果，如图8-11所示。

图 8-11 预览视频效果

8.2　制作片头片尾

如果用户想拥有一个与众不同的片头或片尾，可以利用剪映中的多种功能制作片头和片尾。本节介绍在剪映中利用"混合模式"制作文字消散片头、利用"开幕"特效制作电影开幕片头、利用"闭幕"特效制作闭幕片尾，以及利用关键帧制作字幕拉升片尾的操作方法。

8.2.1　制作文字消散片头

【效果展示】：在剪映中利用消散粒子素材和"混合模式"就能制作出文字消散片头，画面非常唯美，效果如图 8-12 所示。

扫码看案例效果　扫码看教学视频

图 8-12　文字消散片头效果展示

下面介绍在剪映中制作文字消散片头的操作方法。

步骤 01　在剪映中导入相应的视频素材，如图8-13所示。

步骤 02　❶单击"文本"按钮；❷单击"默认文本"选项右下角的 ➕ 按钮，如图8-14所示。

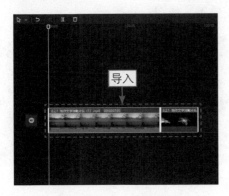 

图 8-13　导入视频素材　　　　　图 8-14　单击相应的按钮

步骤 03 ❶输入相应的文字内容；❷选择合适的字体；❸调整文字的大小，如图8-15所示。

图 8-15　调整文字的大小

步骤 04 调整文字显示的时长，如图8-16所示。

步骤 05 ❶切换至"动画"选项卡；❷在下方的"入场"选项卡中选择"打字机Ⅱ"动画；❸设置"动画时长"为1.0s，如图8-17所示。

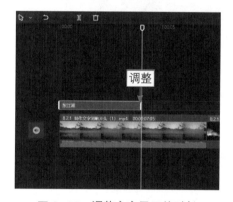

图 8-16　调整文字显示的时长

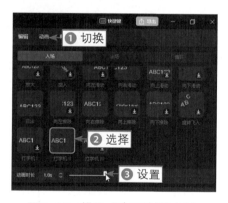

图 8-17　设置"动画时长"（1）

步骤 06 ❶切换至"出场"选项卡；❷选择"羽化向右擦除"动画；❸设置"动画时长"为2.5s，如图8-18所示。

步骤 07 将消散粒子素材拖至画中画轨道，使其与文字的结束位置对齐，如图8-19所示。

步骤 08 ❶设置"混合模式"为"滤色"；❷调整消散粒子素材的位置和大小，如图8-20所示。

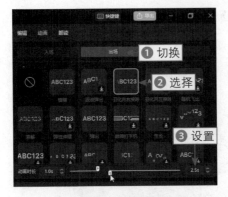

图 8-18　设置"动画时长"（2）

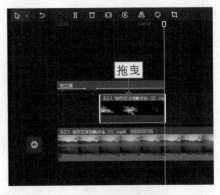

图 8-19　拖曳素材至画中画轨道

图 8-20　调整素材的位置和大小

步骤 **09** 在"播放器"面板中预览视频效果，如图8-21所示。

图 8-21　预览视频效果

8.2.2　制作电影开幕片头

【效果展示】：用户可以在剪映的"特效"面板中挑选喜欢的特效，丰富视频内容。例如，利用"开幕"特效可以制作出电影开幕片头，再搭配相应的文字，大片感十足，如图 8-22 所示。

扫码看案例效果　扫码看教学视频

图 8-22 电影开幕片头效果展示

下面介绍在剪映中利用"开幕"特效制作电影开幕片头的操作方法。

步骤 **01** 在剪映中导入视频素材，单击"特效"按钮，如图8-23所示。

步骤 **02** ❶切换至"基础"选项卡；❷单击"开幕"特效右下角的➕按钮，如图8-24所示。

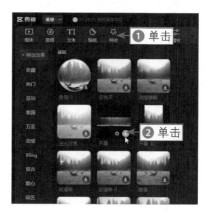

图 8-23 单击"特效"按钮 | 图 8-24 单击相应的按钮（1）

步骤 **03** 拖曳时间指示器至相应位置，如图8-25所示。

步骤 **04** ❶单击"文本"按钮；❷单击"默认文本"选项右下角的➕按钮，如图8-26所示。

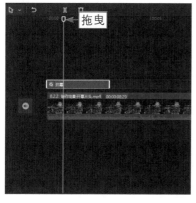

图 8-25 拖曳时间指示器至相应位置 | 图 8-26 单击相应的按钮（2）

步骤 05 ❶输入相应的文字内容；❷选择合适的字体，如图8-27所示。

步骤 06 ❶切换至"动画"选项卡；❷选择"弹入"动画，如图8-28所示。

图 8-27 选择字体

图 8-28 选择"弹入"动画

步骤 07 设置"动画时长"为1.0s，如图8-29所示。

步骤 08 ❶切换至"出场"选项卡；❷选择"溶解"动画，如图8-30所示。

图 8-29 设置"动画时长"

图 8-30 选择"溶解"动画

步骤 09 在"播放器"面板中预览视频效果，如图8-31所示。

图 8-31 预览视频效果

8.2.3 制作闭幕片尾

【效果展示】：剪映的"特效"面板中有多种闭幕特效供用户选择。例如，利用"闭幕"特效可以制作出闭幕片尾，效果如图 8-32 所示。

扫码看案例效果 扫码看教学视频

图 8-32 预览视频效果

下面介绍在剪映中制作个性片尾的操作方法。

步骤 01 在剪映中导入视频素材，拖曳时间指示器至相应的位置，❶单击"文本"按钮；❷单击"默认文本"选项右下角的➕按钮，如图8-33所示。

步骤 02 ❶修改文字内容；❷选择合适的字体，如图8-34所示。

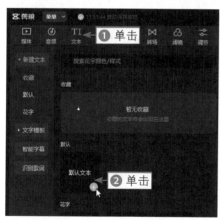

图 8-33 单击相应的按钮（1）

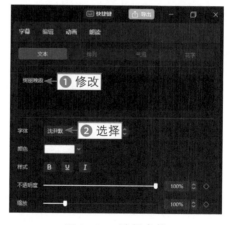

图 8-34 选择字体

步骤 03 选择合适的预设样式，如图8-35所示。

步骤 04 调整文字的大小，如图8-36所示。

步骤 05 调整文字的持续时长，如图8-37所示。

步骤 06 ❶切换至"动画"选项卡；❷在下方的"入场"选项卡中选择"溶解"动画，如图8-38所示。

图 8-35　选择预设样式

图 8-36　调整文字的大小

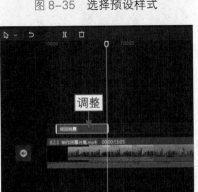

图 8-37　调整文字的持续时长

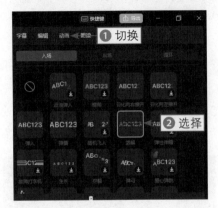

图 8-38　选择"溶解"动画

步骤 07　❶切换至"出场"选项卡；❷选择"渐隐"动画，如图8-39所示。

步骤 08　拖曳时间指示器至00:00:11:00的位置，如图8-40所示。

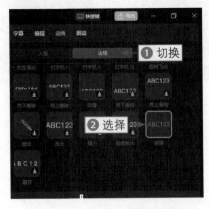

图 8-39　选择"渐隐"动画

图 8-40　拖曳时间指示器至相应位置

步骤 09 ❶单击"特效"按钮；❷切换至"基础"选项卡；❸单击"闭幕"特效右下角的 ➕ 按钮，如图8-41所示。

步骤 10 调整特效的持续时长，使其与视频的结束位置对齐，如图8-42所示。

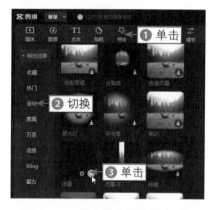

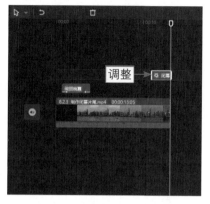

图 8-41　单击相应的按钮（2）　　　　　图 8-42　调整特效的持续时长

步骤 11 在"播放器"面板中预览视频效果，如图8-43所示。

图 8-43　预览视频效果

8.2.4　制作字幕拉升片尾

【效果展示】：字幕拉升片尾主要是运用"文本"功能和关键帧制作出来的，有一种剧情结束的感觉，效果如图 8-44 所示。

扫码看案例效果　扫码看教学视频

图 8-44　字幕拉升片尾效果展示

下面介绍在剪映中制作字幕拉升片尾的操作方法。

步骤 01 在剪映中导入视频素材，分别单击"位置"和"缩放"右侧的"添加关键帧"按钮 ◇，添加关键帧，如图8-45所示。

图 8-45　分别单击"添加关键帧"按钮

步骤 02 拖曳时间指示器至00:00:04:00的位置，调整视频画面的大小和位置，如图8-46所示。

步骤 03 拖曳时间指示器至00:00:02:00的位置，❶单击"文本"按钮；❷单击"默认文本"选项右下角的 ⊞ 按钮，如图8-47所示。

步骤 04 调整文字的持续时长，使其与视频的结束位置对齐，如图 8-48 所示。

图 8-46　调整视频画面的大小和位置

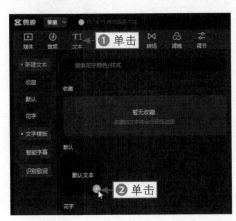

图 8-47　单击相应的按钮

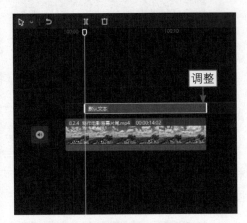

图 8-48　调整文字的持续时长

步骤 05 ❶输入相应的文字内容；❷选择合适的字体，如图8-49所示。

步骤 06 选择合适的预设样式，如图8-50所示。

步骤 07 调整文字的大小和位置，如图8-51所示。

图 8-49 选择字体

图 8-50 选择预设样式

图 8-51 调整文字的大小和位置

步骤 08 单击"位置"右侧的"添加关键帧"按钮◇，如图8-52所示。

步骤 09 拖曳时间指示器至文本结束的位置，调整文字在画面中的位置，如图8-53所示。

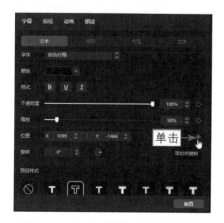

图 8-52 单击"添加关键帧"按钮

图 8-53 调整文字的位置

127

步骤 10 在"播放器"面板中预览视频效果，如图8-54所示。

图 8-54 预览视频效果

习题 制作卡点片头

扫码看案例效果 扫码看教学视频

【效果展示】：运用剪映中的蒙版和"向左上甩入"视频动画，可以制作三屏斜切飞入的动感开场片头，效果如图 8-55 所示。

图 8-55 卡点片头效果展示

电脑版剪映综合案例：
《城市呼吸》

第9章

本章要点

　　电脑版剪映界面大气、功能强大、布局灵活，为电脑端的剪映用户提供了更舒适的创作和剪辑条件。剪映不仅功能简单好用，素材也非常丰富，而且上手难度低，能帮助用户轻松地制作出艺术大片。本章主要介绍在电脑版剪映中制作综合案例《城市呼吸》的操作方法。

9.1 《城市呼吸》效果展示

扫码看案例效果　扫码看教学视频

【效果展示】：本案例主要展示城市天空中飘动的云朵。视频中的云朵不断变化，搭配节奏感强烈的背景音乐，非常富有动感，适合作为日常记录类短视频，效果如图 9-1 所示。

图 9-1　《城市呼吸》效果展示

9.2 《城市呼吸》制作流程

本节主要介绍电脑版剪映综合案例《城市呼吸》的制作过程，包括导入和剪辑素材、添加转场、添加文字和动画、添加特效和贴纸、添加滤镜、添加背景音乐及导出视频等。

9.2.1　导入和剪辑素材

制作视频的第 1 步就是导入素材。用户在剪映中导入相应的素材后，就可以对素材进行剪辑了。选取需要的片段。下面介绍导入和剪辑素材的操作方法。

步骤 01 单击"本地"选项卡中的"导入素材"按钮，如图9-2所示。

步骤 02 弹出"请选择媒体资源"对话框，❶全选文件夹中的视频素材；❷单击"打开"按钮，如图9-3所示。

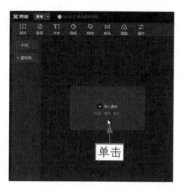

图 9-2　单击"导入素材"按钮

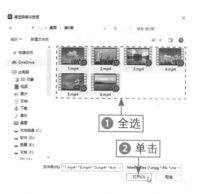

图 9-3　单击"打开"按钮

步骤 03 执行操作后，即可将相应的素材导入"本地"选项卡中，如图9-4所示。

步骤 04 ❶全选"本地"选项卡中的视频素材；❷单击第1个视频素材右下角的 按钮，将素材导入视频轨道中，如图9-5所示。

图 9-4　导入视频素材

图 9-5　单击相应的按钮

步骤 05 ❶拖曳时间指示器至00:00:05:11的位置；❷单击"分割"按钮 ，如图9-6所示。

步骤 06 ❶选择分割出的后半段视频素材；❷单击"删除"按钮 ，删除不需要的视频片段，如图9-7所示。

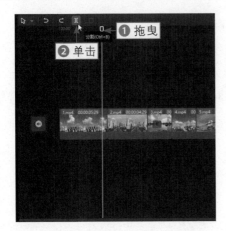
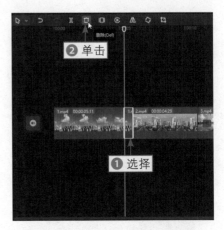

图9-6 单击"分割"按钮   图9-7 单击"删除"按钮

步骤 07 ❶选择第2段视频素材；❷向左拖曳视频素材右侧的白框，调整素材的时长，如图9-8所示。

步骤 08 用与上面相同的方法调整其他素材的时长，如图9-9所示。

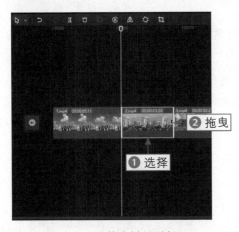
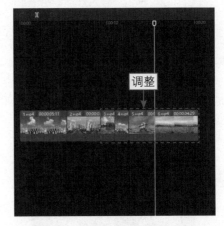

图9-8 调整素材的时长   图9-9 调整其他素材的时长

9.2.2 添加转场

为多段视频素材添加合适的转场，可以使视频的切换更流畅，也可以为视频增加趣味性。下面介绍在剪映中添加视频转场的操作方法。

步骤 01 拖曳时间指示器至第1段视频素材的结束位置，如图9-10所示。

步骤 02 ❶单击"转场"按钮；❷切换至"遮罩转场"选项卡，如图9-11所示。

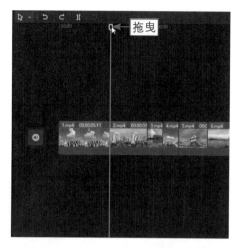

图 9-10 拖曳时间指示器至相应的位置

图 9-11 切换至"遮罩转场"选项卡

步骤 03 单击"水墨"转场右下角的 ➕ 按钮，在第1段素材和第2段素材之间添加"水墨"转场，如图9-12所示。

步骤 04 用相同的方法为其他的视频添加合适的转场，如图9-13所示。

图 9-12 单击相应的按钮

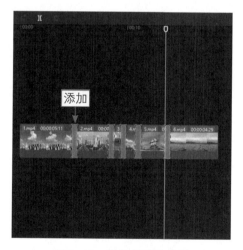

图 9-13 添加相应的转场

9.2.3 添加文字和动画

想让观众了解视频的主题，最简单的方法就是为视频添加合适的文字。而为文字添加动画可以让文字的入场和出场更自然，也可以增加视频的看点。下面介绍在剪映中添加文字和动画的操作方法。

步骤 01 拖曳时间指示器至视频的起始位置，如图9-14所示。

步骤 02 ❶单击"文本"按钮；❷单击"默认文本"选项右下角的➕按钮，如图9-15所示。

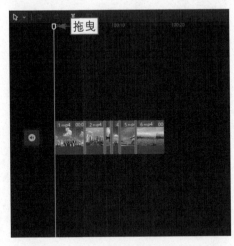

图 9-14　拖曳时间指示器至相应位置

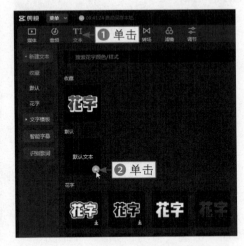

图 9-15　单击相应的按钮（1）

步骤 03 ❶在"文本"选项卡中修改文本内容；❷为文字选择字体，如图9-16所示。

步骤 04 ❶选中"描边"复选框；❷选择合适的颜色，如图9-17所示。

图 9-16　选择字体（1）

图 9-17　选择颜色

步骤 05 ❶切换至"动画"选项卡；❷选择"入场"动画中的"弹簧"动画，如图9-18所示。

步骤 06 ❶拖曳"动画时长"右侧的滑块；❷将"动画时长"设置为1.5 s，如图9-19所示。

步骤 07 ❶切换至"出场"动画选项卡；❷选择"模糊"动画，如图9-20所示。

步骤 08 拖曳时间指示器至00:00:03:13的位置，如图9-21所示。

图 9-18　选择"弹簧"动画

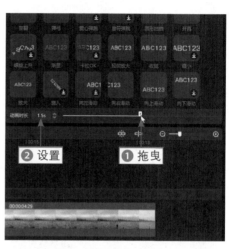

图 9-19　设置"动画时长"（1）

图 9-20　选择"模糊"动画

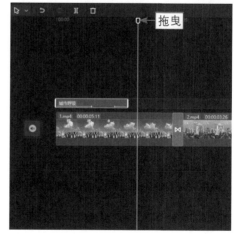

图 9-21　拖曳时间指示器至相应位置

步骤 09 单击"默认文本"选项右下角的 + 按钮，如图9-22所示。

步骤 10 ❶修改文本内容；❷为文字选择合适的字体，如图9-23所示。

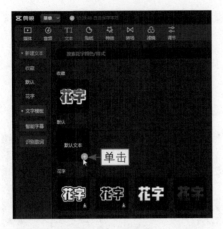

图 9-22 单击相应的按钮（2）

图 9-23 选择字体（2）

步骤 11 ❶为文字选择合适的颜色；❷选择相应的文字样式，如图9-24所示。

步骤 12 ❶切换至"动画"选项卡；❷在下方的"入场"动画选项卡中选择"溶解"动画，如图9-25所示。

图 9-24 选择文字样式

图 9-25 选择"溶解"动画

步骤 13 ❶拖曳"动画时长"右侧的滑块；❷将"动画时长"设置为1.5s，如图9-26所示。

步骤 14 ❶切换至"出场"动画选项卡；❷选择"闭幕"动画，如图9-27所示。

步骤 15 在"播放器"面板中调整文字的大小和位置，如图9-28所示。

步骤 16 ❶拖曳时间指示器至00:00:06:26的位置；❷在第2段文本上单击鼠标右键；❸在弹出的快捷菜单中选择"复制"命令，如图9-29所示。

图 9-26　设置"动画时长"（2）

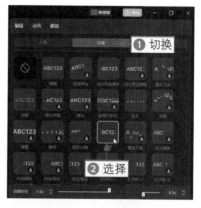

图 9-27　选择"闭幕"动画

图 9-28　调整文字的大小和位置

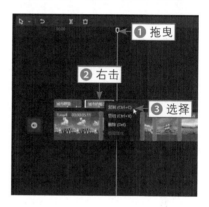

图 9-29　选择"复制"命令

步骤 **17** 在时间指示器右侧的空白位置单击鼠标右键，在弹出的快捷菜单中选择"粘贴"命令，如图9-30所示。

步骤 **18** 修改文本内容，如图9-31所示。

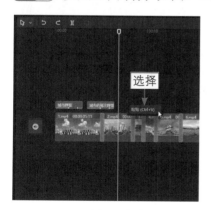

图 9-30　选择"粘贴"命令

图 9-31　修改文本内容

步骤 **19** 用相同的方法在视频的合适位置再添加两段文本，并修改文本内容，如图9-32所示。

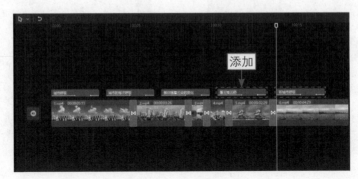

图 9-32 添加其他文本

9.2.4 添加特效和贴纸

为视频添加特效可以制作出不一样的效果。例如，为视频添加"开幕"和"闭幕"特效就可以轻松制作出片头片尾。而为视频添加贴纸可以丰富视频内容，利用关键帧还可以让贴纸变换位置和大小。下面介绍在剪映中添加特效和贴纸的操作方法。

步骤 **01** 拖曳时间指示器至视频的起始位置，如图9-33所示。

步骤 **02** ❶单击"特效"按钮；❷切换至"基础"选项卡；❸单击"开幕"特效右下角的 按钮，如图9-34所示。

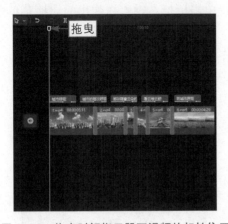

图 9-33 拖曳时间指示器至视频的起始位置

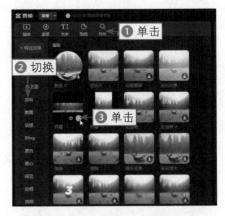

图 9-34 单击相应的按钮（1）

步骤 **03** 向左拖曳"开幕"特效右侧的白框，调整"开幕"特效持续的时长，如图9-35所示。

步骤 04 拖曳时间指示器至第2段文本的起始位置，如图9-36所示。

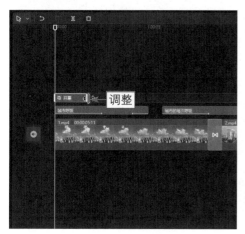

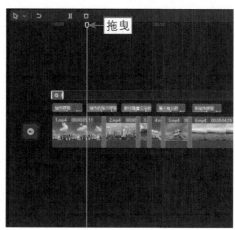

图 9-35 调整特效持续的时长（1） 图 9-36 拖曳时间指示器至相应位置

步骤 05 ❶切换至Bling选项卡；❷单击"细闪Ⅱ"特效右下角的➕按钮，如图9-37所示。

步骤 06 用相同的方法拖曳时间指示器至第3段文本的起始位置，单击"闪闪发光Ⅰ"特效右下角的➕按钮，如图9-38所示。

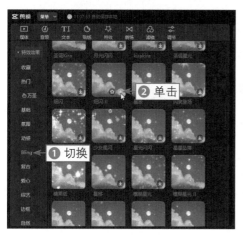

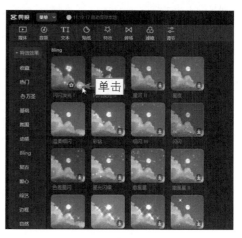

图 9-37 单击相应的按钮（2） 图 9-38 单击相应的按钮（3）

步骤 07 在界面右上方的"特效"面板中拖曳"滤镜"滑块，将其参数设置为0，如图9-39所示。

步骤 08 拖曳时间指示器至00:00:16:11的位置，❶切换至"基础"选项卡；❷单击"闭幕"特效右下角的➕按钮，如图9-40所示。

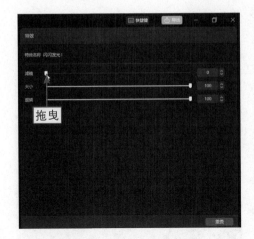

图 9-39　设置"滤镜"参数

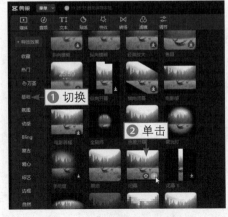

图 9-40　单击相应的按钮（4）

步骤 09　调整"闭幕"特效持续的时长，使其与视频结束的位置对齐，如图9-41所示。

步骤 10　拖曳时间指示器至00:00:11:08的位置，单击"贴纸"按钮，如图9-42所示。

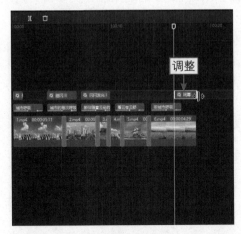

图 9-41　调整特效持续的时长（2）

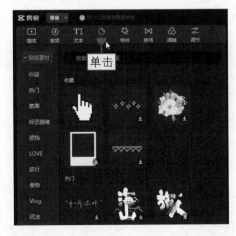

图 9-42　单击"贴纸"按钮

步骤 11　在搜索框中输入"云朵"，搜索关于云朵的贴纸，如图9-43所示。

步骤 12　在搜索结果中单击相应贴纸右下角的＋按钮，如图9-44所示。

步骤 13　调整贴纸持续的时长，如图9-45所示。

步骤 14　❶调整贴纸的大小和位置；❷分别单击"缩放"和"位置"右侧的"添加关键帧"按钮◆，如图9-46所示。

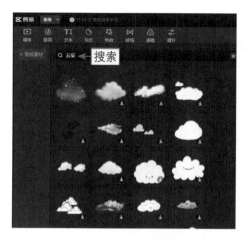

图 9-43 搜索云朵贴纸

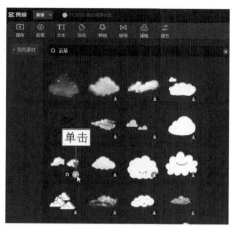

图 9-44 单击相应的按钮（5）

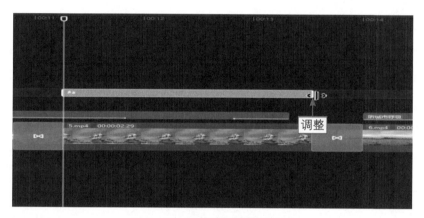

图 9-45 调整贴纸持续的时长

图 9-46 分别单击"添加关键帧"按钮

步骤 15 拖曳时间指示器至贴纸结束的位置，❶再次调整贴纸的大小和位置；❷ "缩放"和"位置"会自动添加关键帧，如图9-47所示。

图 9-47　自动添加关键帧

9.2.5　添加滤镜

由于视频是由多个素材构成的，为视频添加合适的滤镜可以使视频画面更加精美，也可以使视频画面的色调更统一。下面介绍在剪映中添加滤镜的操作方法。

步骤 01　拖曳时间指示器至视频起始位置，❶单击"滤镜"按钮；❷切换至"胶片"选项卡，如图9-48所示。

步骤 02　单击KC2滤镜右下角的 按钮，如图9-49所示。

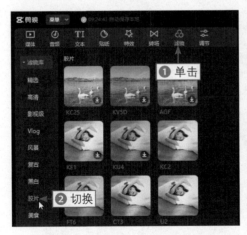

图 9-48　切换至"胶片"选项卡

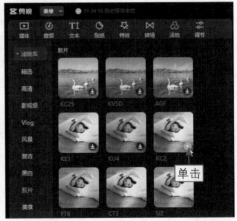

图 9-49　单击相应的按钮（1）

步骤 03　向右拖曳滤镜右侧的白框，调整滤镜持续的时长，使其与视频的结束位置对齐，如图9-50所示。

步骤 04　拖曳时间指示器至00:00:13:23的位置，❶切换至"风景"选项卡；❷单击"暮色"滤镜右下角的 按钮，如图9-51所示。

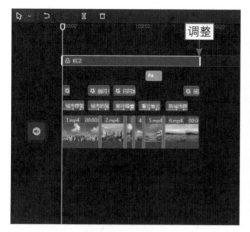

图 9-50 调整滤镜持续的时长（1）

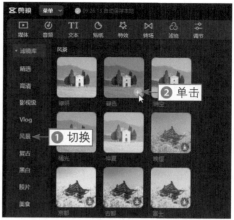

图 9-51 单击相应的按钮（2）

步骤 **05** 向右拖曳"暮色"滤镜右侧的白框，调整滤镜持续的时长，使其与视频结束的位置对齐，如图9-52所示。

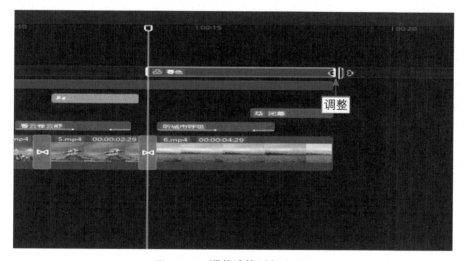

图 9-52 调整滤镜时长（2）

9.2.6 添加背景音乐

贴合视频的背景音乐能为视频增加记忆点和亮点，下面介绍在剪映中添加背景音乐的操作方法。

步骤 **01** 拖曳时间指示器至视频起始位置，单击"音频"按钮，如图9-53所示。

步骤 **02** 切换至"音频提取"选项卡，如图9-54所示。

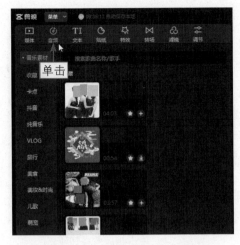

图 9-53　单击"音频"按钮

图 9-54　切换至"音频提取"选项卡

步骤 03 单击"导入素材"按钮，如图9-55所示。

步骤 04 弹出"请选择媒体资源"对话框，选择相应的视频，如图9-56所示。

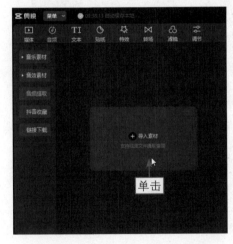

图 9-55　单击"导入素材"按钮

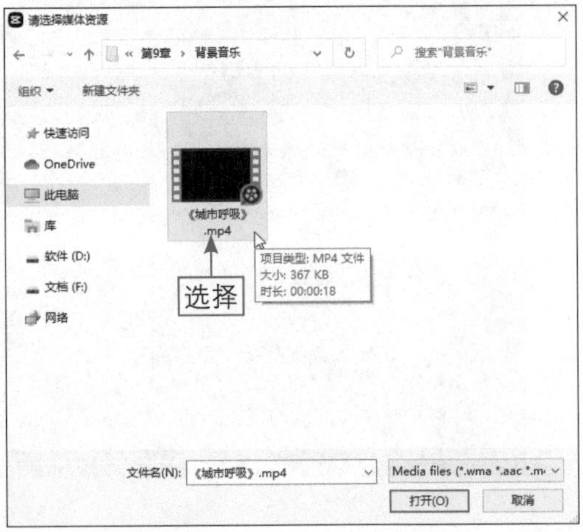

图 9-56　选择相应的视频

步骤 05 单击"打开"按钮，如图9-57所示。

步骤 06 执行操作后，即可提取相应视频的音频，单击音频右下角的■按钮，如图9-58所示。

步骤 07 调整音频的时长，使其与视频结束的位置对齐，如图9-59所示。

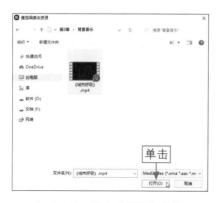

图 9-57 单击"打开"按钮

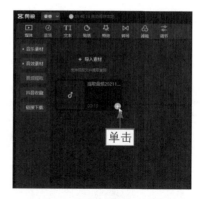

图 9-58 单击相应的按钮

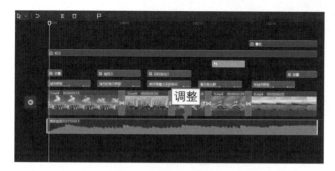

图 9-59 调整音频的时长

9.2.7 导出视频

视频制作完成后，就可以将其导出了，在导出时可以对视频的名称、保存位置等参数进行设置。下面介绍在剪映中导出视频的操作方法。

步骤 01 单击界面右上角的"导出"按钮，如图9-60所示。

步骤 02 弹出"导出"对话框，修改作品的名称，如图9-61所示。

图 9-60 单击"导出"按钮

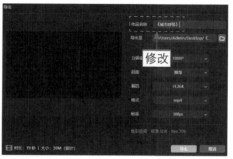

图 9-61 修改作品的名称

步骤 **03** 单击"导出至"右侧的 ▣ 按钮，如图9-62所示。

步骤 **04** 弹出"请选择导出路径"对话框，❶选择相应的保存路径；❷单击"选择文件夹"按钮，如图9-63所示。

图 9-62 单击相应的按钮

图 9-63 单击"选择文件夹"按钮

步骤 **05** 返回到"导出"对话框，单击"导出"按钮，即可导出制作好的视频，如图9-64所示。

图 9-64 导出视频

手机版剪映综合案例：《七十寿宴》 | 第10章

本章要点

　　手机版剪映拥有强大的功能和丰富的素材，能充分满足手机端剪映用户对于视频剪辑的需求。剪映不仅操作简单，上手难度低，而且不受时间和地点的限制，让用户无论在何时何地都能轻松剪辑视频。本章主要介绍在手机版剪映中制作综合案例《七十寿宴》的操作方法。

10.1 《七十寿宴》效果展示

【效果展示】：本案例主要用来展示寿宴的各个流程。视频中亲朋好友欢聚一堂，共同庆祝老人的生日，效果如图 10-1 所示。

扫码看案例效果　扫码看教学视频

图 10-1　《七十寿宴》效果展示

10.2 《七十寿宴》制作流程

本节主要介绍手机版剪映综合案例《七十寿宴》的制作过程，包括素材时长的设置、视频转场的设置、特效和贴纸的添加、解说文字的制作、滤镜的添加和设置、背景音乐的添加及视频的导出设置等操作。

10.2.1　素材时长的设置

在剪映中用户可以设置素材的时长，并选取精彩的画面组成视频。下面介绍在剪映中设置素材时长的操作方法。

步骤 01 打开剪映App，在主界面中点击"开始创作"按钮，如图10-2所示。

步骤 02 进入"照片视频"界面，❶选择相应的视频素材；❷选中"高清画质"单选按钮；❸点击"添加"按钮，如图10-3所示。

步骤 03 执行操作后，即可将视频素材导入剪映中，如图10-4所示。

图10-2　点击"开始创作"
按钮

图10-3　点击"添加"按钮

图10-4　导入视频素材

步骤 04 ❶拖曳时间线至第14s的位置；❷选择第2段视频素材；❸点击"分割"按钮，如图10-5所示。

步骤 05 执行操作后，即可分割视频素材，选择分割出的后半段视频素材，如图10-6所示。

步骤 06 点击"删除"按钮，删除不需要的视频片段，如图10-7所示。

图10-5　点击"分割"按钮　图10-6　选择相应的视频素材　图10-7　点击"删除"按钮

步骤 07　❶选择第3段视频素材；❷按住第3段视频素材右侧的白色拉杆并向左拖曳，调整第3段素材的时长为5.0s，如图10-8所示。

步骤 08　用同样的方法调整其他素材的时长，如图10-9所示。

图 10-8　调整素材的时长　　　　图 10-9　调整其他素材的时长

10.2.2 视频转场的设置

设置转场可以使不同素材之间的切换显得更自然，优化视频的视觉效果。下面介绍在剪映中设置视频转场的操作方法。

步骤 01 点击第1段素材和第2段素材之间的转场按钮|，如图10-10所示。

步骤 02 ①切换至"特效转场"选项卡；②选择"炫光Ⅱ"转场，如图10-11所示。

步骤 03 拖曳"转场时长"滑块，设置"转场时长"为1.0s，如图10-12所示。

步骤 04 用相同的方法在其他视频之间添加合适的转场，如图10-13所示。

图 10-10　点击转场按钮 　图 10-11　选择"炫光Ⅱ"转场

图 10-12　设置"转场时长"

图 10-13　添加相应的转场

10.2.3 特效和贴纸的添加

剪映拥有数量庞大、风格迥异的特效和贴纸素材，用户可以随意选择并进行组合搭配。下面介绍在剪映中添加特效和贴纸的操作方法。

步骤 01 ❶ 拖曳时间线至视频的起始位置；❷ 点击"特效"按钮，如图 10-14 所示。

步骤 02 点击"画面特效"按钮，如图 10-15 所示。

步骤 03 ❶ 切换至"基础"选项卡；❷ 选择"渐显开幕"特效，如图 10-16 所示。

步骤 04 点击 ✓ 按钮返回上一界面，调整特效的持续时长，如图 10-17 所示。

图 10-14　点击"特效"按钮

图 10-15　点击"画面特效"按钮（1）

图 10-16　选择"渐显开幕"特效

图 10-17　调整特效的持续时长（1）

步骤 05　❶拖曳时间线至第18s的位置；❷点击"画面特效"按钮，如图10-18所示。

步骤 06　❶切换至"氛围"选项卡；❷选择"节日彩带"特效，如图10-19所示。

步骤 07　调整"节日彩带"特效的持续时长，如图10-20所示。

步骤 08　❶拖曳时间线至第49s的位置；❷点击"画面特效"按钮，如图10-21所示。

步骤 09　❶切换至"基础"选项卡；❷选择"闭幕"特效，如图10-22所示。

步骤 10　调整"闭幕"特效的持续时长，如图10-23所示。

图 10-18　点击"画面特效"按钮（2）

图 10-19　选择"节日彩带"特效

图 10-20　调整特效的持续时长（2）

图 10-21　点击"画面特效"按钮（3）

153

图 10-22 选择"闭幕"特效

图 10-23 调整特效的持续时长（3）

步骤 **11** 依次点击 《 按钮和 《 按钮返回主界面，❶拖曳时间线至视频的起始位置；❷点击"贴纸"按钮，如图10-24所示。

步骤 **12** ❶切换至"炸开"选项卡；❷选择相应的烟花贴纸，如图10-25所示。

图 10-24 点击"贴纸"按钮

图 10-25 选择烟花贴纸

步骤 13 用同样的方法，再添加3个烟花贴纸，如图10-26所示。

步骤 14 ❶调整4个贴纸的持续时长；❷再调整4个贴纸的大小和位置，如图10-27所示。

图 10-26 添加烟花贴纸

图 10-27 调整贴纸的大小和位置

10.2.4 解说文字的制作

为视频添加相应的解说文字可以帮助观众了解视频内容和主题，为文字设置动画则可以增强视频的趣味性。下面介绍在剪映中制作解说文字的操作方法。

步骤 01 ❶拖曳时间线至第1s的位置；❷点击"文字"按钮，如图10-28所示。

步骤 02 点击"新建文本"按钮，如图10-29所示。

步骤 03 ❶输入相应的文字内容；❷为文字选择合适的字

图 10-28 点击"文字"按钮

图 10-29 点击"新建文本"按钮

体，如图10-30所示。

步骤 04 ❶切换至"花字"选项卡；❷选择合适的花字样式，如图10-31所示。

步骤 05 ❶切换至"样式"选项卡；❷为文字选择合适的颜色，如图10-32所示。

步骤 06 ❶调整文字轨道的持续时长；❷调整文字的大小和位置；❸点击"动画"按钮，如图10-33所示。

步骤 07 ❶选择"入场动画"选项卡中的"打字机Ⅱ"动画；❷拖曳蓝色箭头滑块，设置动画时长为1.0s，如图10-34所示。

图 10-30　为文字选择字体　　图 10-31　选择花字样式

图 10-32　为文字选择合适的　　图 10-33　点击"动画"按钮　　图 10-34　设置动画时长（1）
　　　　　　颜色

步骤 08 ❶切换至"出场动画"选项卡；❷选择"闭幕"动画，如图10-35所示。

步骤 09 拖曳红色箭头滑块，设置动画时长为0.7s，如图10-36所示。

步骤 10 用同样的方法在视频的合适位置添加相应的文字，如图10-37所示。

图 10-35　选择"闭幕"动画　图 10-36　设置动画时长（2）　图 10-37　添加相应的文字

10.2.5　滤镜的添加和设置

为视频添加滤镜并设置滤镜强度参数可以调节视频画面的色彩，也可以通过为视频添加调节效果并设置调节参数来改变视频画面的色彩，还可以两个方法一起使用。下面介绍在剪映中添加和设置滤镜的操作方法。

步骤 01 返回到主界面，拖曳时间线至视频的起始位置，如图 10-38 所示。

步骤 02 点击"滤镜"按钮，如图10-39所示。

步骤 03 ❶切换至"风景"选项卡；❷选择"绿妍"滤镜，如图10-40所示。

步骤 04 拖曳滤镜强度滑块，设置参数为80，如图10-41所示。

步骤 05 调整滤镜的持续时长，如图 10-42 所示。

图 10-38　拖曳时间线　图 10-39　点击"滤镜"
　　　　　至视频起始位置　　　　　　按钮

157

图 10-40　选择"绿妍"滤镜　　图 10-41　设置滤镜强度参数　　图 10-42　调整滤镜的持续
时长（1）

步骤 06 点击⟪按钮返回上一界面，点击"新增滤镜"按钮，如图 10-43 所示。

步骤 07 ❶切换至"高清"选项卡；❷选择"自然"滤镜，如图10-44所示。

步骤 08 调整"自然"滤镜的持续时长，使其与视频的结束位置对齐，如
图 10-45 所示。

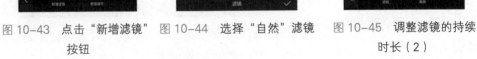

图 10-43　点击"新增滤镜"　　图 10-44　选择"自然"滤镜　　图 10-45　调整滤镜的持续
按钮　　　　　　　　　　　　　　　　　　　　　　　时长（2）

10.2.6　背景音乐的添加

添加合适的背景音乐可以帮助创作者更好地抒发视频要表达的情感，下面介绍在剪映中为视频添加背景音乐的操作方法。

步骤 01 ❶ 拖曳时间线至视频起始位置；❷ 点击"音频"按钮，如图 10-46 所示。

步骤 02 点击"提取音乐"按钮，如图10-47所示。

步骤 03 进入"照片视频"界面，选择相应的视频，如图10-48所示。

步骤 04 点击"仅导入视频的声音"按钮，如图10-49所示。

图 10-46　点击"音频"按钮　　图 10-47　点击"提取音乐"按钮

图 10-48　选择相应的视频

图 10-49　点击相应按钮

步骤 05 执行操作后，即可为视频添加背景音乐，如图10-50所示。

步骤 06 调整音频的时长，使其与视频的结束位置对齐，如图10-51所示。

图 10-50　添加背景音乐　　　　　　　图 10-51　调整音频时长

10.2.7　视频的导出设置

与电脑版剪映不同的是，在手机版剪映中导出视频时，只能设置视频的"分辨率"和"帧率"。下面介绍在手机版剪映中导出视频的操作方法。

步骤 01 点击界面右上方的1080P按钮，展开下拉列表，如图10-52所示。

步骤 02 拖曳"分辨率"滑块，设置"分辨率"为720P，如图10-53所示。

步骤 03 拖曳"帧率"滑块，设置"帧率"为24fps，如图10-54所示。

步骤 04 点击"导出"按钮，即可导出制作好的视频，如图10-55所示。

图 10-52　点击1080P　　图 10-53　设置　　　图 10-54　设置　　　图 10-55　点击"导出"
　　　　　 按钮　　　　　　　 "分辨率"　　　　　 "帧率"　　　　　　　 按钮